FACHWISSEN FEUERWEHR

Kemper

VORBEUGENDER BRANDSCHUTZ

5. Auflage 2021

Bibliografische Informationen der deutschen Nationalbibliothek

Die Deutsche Nationalbibliothek verzeichnet diese Publikation in der Deutschen Nationalbibliografie; detaillierte bibliografische Daten sind im Internet über <http://www.dnb.de> abrufbar.

Bei der Herstellung des Werkes haben wir uns zukunftsbewusst für umweltverträgliche und wiederverwertbare Materialien entschieden.
Der Inhalt ist auf chlorfrei gebleichtes Papier gedruckt.

ISBN 978-3-609-69508-2

Titelbilder:
Hans Kemper
unten links: Max See, Feuerwehrforum Wiesbaden112.de

E-Mail: kundenservice@ecomed-storck.de

Telefon: 089/2183-7922
Telefax: 089/2183-7620

5. Auflage 2021

Druck: Westermann Druck, Zwickau

Vorwort

Die Anforderungen an die Angehörigen der Feuerwehren haben sich im Laufe der letzten Jahre erheblich verändert. Genügten in der Vergangenheit oftmals die Kenntnisse der normalen Brandbekämpfung, müssen heute selbst kleinere Feuerwehren die unterschiedlichsten Notlagen meistern können, um in Not geratene Menschen oder Tiere zu retten, Sachwerte zu erhalten und die Umwelt vor schädlichen Einwirkungen zu schützen.

Daher ist es erforderlich, dass alle Feuerwehrangehörigen umfassend ausgebildet werden. Dabei ergibt sich jedoch das Problem, dass diese Ausbildung von den meist ehrenamtlich tätigen Feuerwehrangehörigen zusätzlich zu den ebenfalls weiter steigenden Anforderungen in deren Berufsleben und den vielfältigen Verpflichtungen im privaten oder familiären Umfeld geleistet werden muss. Letztlich liegt es an den Feuerwehrangehörigen selbst, ob und in welchem Umfang sie bereit sind, sich durch eine regelmäßige und aktive Teilnahme an der angebotenen Aus- und Weiterbildung den gesteigerten Anforderungen an die Feuerwehren zu stellen.

Das Ziel der Broschürenreihe „Fachwissen Feuerwehr“ besteht darin, die Feuerwehrangehörigen mit dem Wissen auszustatten, das in der heutigen Zeit erforderlich ist, um aufgabengerecht und wirkungsvoll in der Feuerwehr tätig zu werden. Diese Broschürenreihe richtet sich vor allem an die Feuerwehrangehörigen, die erstmals in das jeweilige Thema „einsteigen“, aber auch an diejenigen, die sich ein solides Basiswissen aneignen möchten. Die Inhalte der Broschürenreihe entsprechen weitgehend den Inhalten und Vorgaben der Feuerwehr-Dienstvorschrift FwDV 2 „Ausbildung der Freiwilligen Feuerwehren“ und den daraus abgeleiteten Lernzielkatalogen. Deshalb kann diese Broschürenreihe auch gut zur Vorbereitung und Begleitung der unterschiedlichen Aus- und Weiterbildungsmaßnahmen genutzt werden.

Die jeweiligen Texte und Abbildungen sind in leicht verständlicher Weise dargestellt, Hinweise und Merksätze filtern die für die Praxis wichtigen Informationen heraus.

Auf die Verwendung von speziellen Formeln und wenig gebräuchlichen Begriffen wird weitgehend verzichtet. Die Angaben technischer Daten erfolgt ohne Gewähr. Weiterhin gelten alle Funktionsbezeichnungen und personenbezogenen Begriffe sowohl für weibliche als auch für männliche Feuerwehrangehörige.

Die Broschüre „Vorbeugender Brandschutz" befasst sich mit den gesetzlichen Grundlagen und Zielen des Vorbeugenden Brandschutzes und zeigt die verschiedenen Umsetzungsmöglichkeiten im Bereich des baulichen, anlagentechnischen und organisatorischen Brandschutzes auf.

Die Broschüre ist vornehmlich für die Feuerwehrangehörigen gedacht, die im Bereich des abwehrenden Brandschutzes tätig sind. Ihnen soll ein Überblick über die jeweiligen vorbeugenden Brandschutzmaßnahmen gegeben werden, da diese Maßnahmen einen wesentlichen Einfluss auf die abwehrenden Einsatzmaßnahmen der Feuerwehren haben und somit eine wirksame Brand- und Schadensbekämpfung ermöglichen.

Hinweis: Die vorliegende 5. Auflage bietet eine komplette Überarbeitung; berücksichtigt wurden insbesondere die Vorgaben aktualisierter Normen und Richtlinien.

Geseke, Dezember 2021 Hans Kemper

Inhalt

1 Einleitung

Immer wieder sterben Menschen an den Folgen von Bränden in Gebäuden, insbesondere an den Folgen der dabei entstehenden Verrauchung. Darüber hinaus entstehen erhebliche materielle Schäden an Gebäuden und Einrichtungen. Brände sind aber nicht immer ein unabwendbares Schicksal. Die Entstehung vieler Brände kann durch entsprechende Brandschutzmaßnahmen durchaus verhindert und auch die Auswirkungen von Bränden können deutlich verringert werden. Unter dem Begriff „Brandschutz“ werden alle Maßnahmen, Mittel und Methoden verstanden, die dazu dienen, die Entstehung eines Brandes zu verhüten, die Ausbreitung eines Brandes zu begrenzen, die Rettung von Menschen und Tieren zu ermöglichen und eine wirksame und schnelle Bekämpfung eines Brandes sicherzustellen.

Abbildung 1: Ausbreitung des Brandes verhindern! (Quelle: Michael Ehresmann, Feuerwehrforum Wiesbaden112.de)

Es ist das erklärte Ziel des Brandschutzes, Leben und Gesundheit von Menschen und Tieren, die Umwelt, privates und öffentliches Eigentum sowie kulturelle Werte vor Bränden und den von ihnen ausgehenden Gefahren und Gefährdungen zu schützen. Dies wird sowohl durch vorbeugende als auch abwehrende Brandschutzmaßnahmen erreicht.

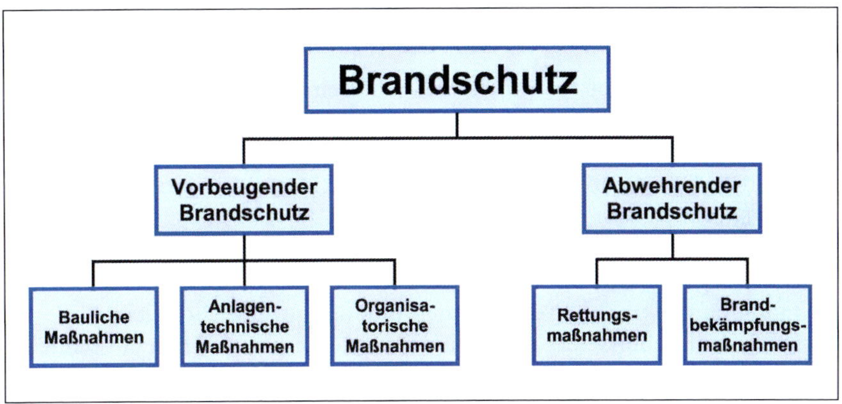

Der Begriff „Vorbeugender Brandschutz“ umfasst alle baulichen, anlagentechnischen und organisatorischen Schutzmaßnahmen, durch die sichergestellt wird, dass es nicht zu Bränden kommen kann, dass dennoch entstandene Brände sich nicht weiter ausbreiten, dass die Standfestigkeit von Gebäuden im Brandfall weitgehend erhalten bleibt, dass alle Menschen (und Tiere) die brennenden Gebäude sicher und unverletzt über Rettungswege verlassen oder mit Hilfe von Rettungsgeräten durch die Feuerwehr aus den betroffenen Gebäuden gerettet werden können.

Der Einsatzerfolg des abwehrenden Brandschutzes wird nicht ausschließlich durch die Art der Einsatzmittel und das Leistungsvermögen der Einsatzkräfte der Feuerwehr erreicht. Er wird in vielen Fällen wesentlich durch vorbeugende Brandschutzmaßnahmen beeinflusst. Grundsätzlich schafft der Vorbeugende Brandschutz wichtige Voraussetzungen für wirkungsvolle Einsatzmaßnahmen der Feuerwehren zur Rettung und Brandbekämpfung.

Die zuständigen Brandschutzdienststellen berücksichtigen im Rahmen von Baugenehmigungsverfahren oder Brandverhütungsschauen auch die üblichen Vorgehensweisen der Feuerwehren und die Einsatzmöglichkeiten der örtlich zuständigen Feuerwehr. Mit der Umsetzung der Maßnahmen des Vorbeugenden Brandschutzes erhalten die Feuerwehren somit „bessere“ Start- und Rahmenbedingungen für ihre Einsatzmaßnahmen, wie es die folgenden Beispiele verdeutlichen:

- Brandmeldeanlagen gewährleisten jederzeit eine schnelle und gezielte Brandmeldung und ermöglichen einen zeitnahen Einsatz der Feuerwehr.
- Feuerwehrzufahrten und Aufstellflächen sichern die ungehinderte Zufahrt zu betroffenen Gebäuden und den Einsatz von Hubrettungsfahrzeugen.
- Feuerwehrpläne geben den Einsatzkräften einen Überblick über die Unterteilung und Gliederung der Gebäude, über die dort vorhandenen Gefahrenpunkte und die vorhandenen Brandschutzeinrichtungen.
- Feuerwehr-Schlüsseldepots ermöglichen den Einsatzkräften ein schnelles und gewaltfreies Betreten der betroffenen Gebäude oder Grundstücke.
- Rettungswege ermöglichen den Einsatzkräften die Nutzung als Angriffswege für Rettungs- und Brandbekämpfungsmaßnahmen.
- Rauchabzugsanlagen halten Rettungswege und Bereiche der Gebäude rauchfrei und ermöglichen einen zielgerichteten Einsatz im Innenangriff.
- Brandabschnitte begrenzen eine Brandausbreitung und bilden so die Voraussetzung für Riegelstellungen im Rahmen der Brandbekämpfung.
- Löschanlagen bekämpfen Brände schon in der Entstehungsphase und vor dem Eintreffen der alarmierten Feuerwehr an der unmittelbaren Einsatzstelle, begrenzen die Brandausbreitung und unterstützen die Löschmaßnahmen der Feuerwehr.
- Brandschutzordnungen regeln unter anderem die Räumung von Gebäuden oder die Einweisung und Unterstützung der anrückenden Feuerwehr.

Die Maßnahmen des Vorbeugenden Brandschutzes sichern aber nicht nur schnelle und wirkungsvolle Rettungs- und Brandbekämpfungsmaßnahmen der Feuerwehr, sondern gewährleisten auch den Schutz der Einsatzkräfte der Feuerwehr bei der Durchführung ihrer Einsatzmaßnahmen.

2 Rechtsgrundlagen

Die besonderen Anforderungen an den Brandschutz finden sich in einer Vielzahl von Gesetzen, Vorschriften und Richtlinien, zum Beispiel in den Feuerwehrgesetzen oder den Bauordnungen der Bundesländer sowie in zahlreichen weiteren Verordnungen, Richtlinien und Erlassen sowie in technischen Vorschriften, Normen oder Merkblättern.

Die grundlegenden Anforderungen an bauliche Anlagen sind in der Musterbauordnung (MBO) beschrieben, die als „Rahmenrichtlinie" die Einheitlichkeit des Baurechtes der Bundesländer gewährleisten soll. Die Landesbauordnungen sind die wesentlichen Gesetzesgrundlagen, wenn es um jegliche Art von Bauvorhaben geht. Die örtlich und sachlich zuständigen Behörden sind für die Überwachung, die Erlaubnis und die Einstellung der Maßnahmen verantwortlich und prüfen die rechtlichen Voraussetzungen für die Errichtung, die Änderung und den Abbruch von baulichen Anlagen.

Hinweis: Da die Regelungen zum Baurecht in den Zuständigkeitsbereich der jeweiligen Bundesländer fallen, entstehen im Einzelfall durchaus unterschiedliche Anforderungen, die bei der Errichtung, der Nutzung und dem Betrieb von baulichen Anlagen zu berücksichtigen sind.

2.1 Schutzziele des Vorbeugenden Brandschutzes

Das Schutzziel der Bauordnungen ist es, bauliche Anlagen so anzuordnen, zu errichten, zu ändern und instand zu halten, dass die öffentliche Sicherheit oder Ordnung, insbesondere Leben, Gesundheit oder die natürlichen Lebensgrundlagen, nicht gefährdet werden. Dazu ist es erforderlich, dass der Entstehung eines Brandes und der Ausbreitung von Feuer und Rauch vorgebeugt wird und bei einem Brand die Rettung von Menschen und Tieren sowie wirksame Löscharbeiten möglich sind.

- Die Verhinderung der **Brandentstehung** ist eine der wirksamsten, aber auch eine der schwierigsten vorbeugenden Brandschutzmaßnahmen. Sie stellt hohe Anforderungen an die technischen Ausstattungen in baulichen Anlagen, aber auch an das sicherheitsgerechte Verhalten von Menschen, das aber oftmals nur schwer beeinflusst werden kann. Es gilt: je mehr Brände verhindert werden, umso seltener müssen andere Brandschutzmaßnahmen zum Tragen kommen oder angewendet werden.
- Ist jedoch trotz aller vorbeugenden Brandschutzmaßnahmen ein Brand entstanden, muss durch weitere Maßnahmen die **Ausbreitung von Feuer und Rauch** begrenzt werden. Die an die Brandentstehungsstelle angrenzenden Bereiche müssen zum Beispiel durch Wände, Decken und Türen so geschützt werden, dass sie nicht auch noch vom Brand erfasst und geschädigt werden („Abschottungsprinzip").
- Für die **Rettung von Menschen und Tieren** müssen bei der Planung und der Errichtung von baulichen Anlagen zum Beispiel Fluchtwege, Brandmeldeanlagen oder Löschanlagen vorgesehen werden, ohne die wirksame Rettungsmaßnahmen nicht oder nur eingeschränkt möglich wären.
- Für die Durchführung von **wirksamen Löscharbeiten** ist es zum Beispiel erforderlich, dass die Feuerwehr die bauliche Anlage von einer öffentlichen Verkehrsfläche aus ungehindert erreichen und die in der baulichen Anlage eingerichteten Rettungswege auch als Angriffswege nutzen kann, dass Brandabschnitte geschaffen werden und dass gegebenenfalls auch Löschanlagen eingebaut sind. Weiterhin ist die Bereitstellung einer ausreichenden Menge an Löschwasser erforderlich.

2.2 Umsetzung des Baurechtes

Zum Erreichen der genannten Schutzziele des vorbeugenden Brandschutzes beinhalten die jeweiligen Landesbauordnungen eine Vielzahl von speziellen Vorgaben und Regelungen, die in Abhängigkeit von der Größe und der Nutzung der baulichen Anlagen einen umfassenden Brandschutz gewährleisten sollen. Die zu treffenden Brandschutzmaßnahmen sind dabei auf die jeweils vorliegende Art der baulichen Anlage, auf die Nutzung und die sich dort aufhaltenden Personengruppen auszurichten.

Das Baurecht beinhaltet aber auch zusätzliche Anforderungen für besondere bauliche Anlagen, zum Beispiel für Versammlungsstätten, Verkaufsstätten, Hochhäuser oder Krankenhäuser.

Hinweis: Durch die Vorgaben und Regelungen des Baurechtes soll sichergestellt werden, dass die von einer baulichen Anlage ausgehenden Gefahren vermieden oder verhindert werden. Dabei steht für den Gesetzgeber vor allem der Personenschutz, das heißt der Schutz von Leben und Gesundheit der Nutzer der baulichen Anlage im Vordergrund.

Die Einflussnahme der Feuerwehren hinsichtlich der Umsetzung der baurechtlichen Vorgaben und Regelungen wird durch brandschutztechnische Stellungnahmen im Rahmen bauaufsichtlicher Genehmigungsverfahren und durch Brandverhütungsschauen sichergestellt. Als weitere vorbeugende Brandschutzmaßnahmen kommen noch die Brandsicherheitsdienste und die Brandschutzerziehung und -aufklärung hinzu.

■ Brandschutztechnische Stellungnahmen

Die brandschutztechnischen Stellungnahmen der Feuerwehren werden üblicherweise im Rahmen der bauaufsichtlichen Genehmigungsverfahren auf Anfrage beziehungsweise Veranlassung der zuständigen Bauaufsichtsbehörde für Neu- und Bestandsgebäuden erstellt, um gegebenenfalls vorliegende Bedenken der Bauaufsichtsbehörde wegen des Brandschutzes auszuräumen und deren Entscheidungsfindung zu unterstützen. In diesen Stellungnahmen werden durch die Feuerwehren Anforderungen zu bestimmten Sachverhalten des Brandschutzes aufgeführt, welche die vorbeugenden baulichen, anlagentechnischen und organisatorischen Brandschutzmaßnahmen betreffen und sich auf die gesamte bauliche Anlage oder nur auf bestimmte Teilbereiche beschränken. Die brandschutztechnischen Stellungnahmen werden durch die für den Brandschutz zuständigen Stellen (Brandschutzamt, Abteilung Vorbeugender Brandschutz der Feuerwehr, …) erstellt. Aufgabe dieser Stellen ist es, nach Maßgabe der baurechtlichen Vorschriften sowohl die Belange des Brandschutzes als der Feuerwehr wahrzunehmen.

■ Brandverhütungsschauen

In baulichen Anlagen besonderer Art und Nutzung, zum Beispiel in Hochhäusern, Versammlungsstätten oder Geschäftshäusern, in denen ein erhöhtes Brandrisiko besteht oder durch einen Brand eine größere Anzahl von Menschen, Sachwerte oder die Umwelt gefährdet sind, werden gemäß entsprechenden landesrechtlichen Verordnungen in regelmäßigen Abständen brandschutztechnische Überprüfungen durch die Bauordnungsbehörden und/oder die Feuerwehr durchgeführt. Bei diesen Brandverhütungsschauen wird vor Ort zum Beispiel geprüft, ob die geforderten Brandschutzmaßnahmen eingehalten werden oder ob durch betriebliche Veränderungen bestimmte Zustände eingetreten sind, die einen Brandausbruch ermöglichen oder zu einer erheblichen Gefährdung der Nutzer führen können.

Ein besonderes Augenmerk der Brandverhütungsschauen richtet sich auf die Sicherung der erforderlichen Rettungswege und damit verbunden auf die im Brandfall notwendigen Angriffswege für die Feuerwehr. Über die Feststellungen der Brandverhütungsschau wird ein Mängelbericht erstellt, anhand dessen der Besitzer, Betreiber oder Nutzer einer baulichen Anlage die Mängelbeseitigung durchführen muss. Durch Nachschauen wird sichergestellt, dass auch alle Mängel beseitigt wurden.

■ Brandsicherheitsdienste

Für Veranstaltungen, bei denen ein erhöhtes Brandrisiko besteht oder bei Ausbruch eines Brandes eine größere Anzahl von Personen gefährdet wären, zum Beispiel Versammlungen, Ausstellungen, Theateraufführungen, Zirkusveranstaltungen oder Märkte, können durch die Gemeinde Brandsicherheitsdienste angeordnet werden. Diese werden von der Feuerwehr der Gemeinde gestellt, wobei die Art und der Umfang durch die Leitung der Feuerwehr bestimmt werden. Die Brandsicherheitsdienste werden jeweils durch eine bestimmte Anzahl von Feuerwehrangehörigen aus der Einsatzabteilung der örtlich zuständigen Feuerwehr durchgeführt, deren grundsätzliche Aufgabe darin besteht, den sicheren Ablauf der Veranstaltungen zu gewährleisten.

Zu den wesentlichen Aufgaben der Angehörigen eines Brandsicherheitsdienstes gehört es unter anderem, die vorhandenen baulichen und anlagentechnischen Sicherheitseinrichtungen der Versammlungsstätte oder des Veranstaltungsbereiches und die jeweils festgelegten organisatorischen Sicherheitsmaßnahmen zu überprüfen, beim Auftreten von Gefahren durch Brände oder vergleichbare Ereignisse unverzüglich die zuständige Feuerwehr und den Rettungsdienst zu alarmieren, erste Rettungs- und Löschmaßnahmen einzuleiten, vorhandene Brandschutzeinrichtungen zu bedienen und gegebenenfalls für eine geordnete Räumung der Versammlungsstätte oder des Veranstaltungsbereiches zu sorgen.

■ Brandschutzerziehung und Brandschutzaufklärung

Die Feuerwehren wirken bei der Brandschutzerziehung von Kindern und Jugendlichen sowie der Brandschutzaufklärung der Bevölkerung mit. Dies ist in den Feuerwehrgesetzen der meisten Bundesländer auch ausdrücklich so verankert. Für diese Aufgaben müssen geeignete Feuerwehrangehörige ausgewählt und entsprechend ausgebildet werden.

Die **Brandschutzerziehung** wird üblicherweise von Verantwortlichen von Kindergärten, Schulen oder vergleichbaren Einrichtungen in Zusammenarbeit mit den Feuerwehren durchgeführt und ist auf die altersbedingten Fähigkeiten der Kinder und Jugendlichen auszurichten. Gegebenenfalls sind auch die Eltern mit in die Brandschutzerziehung einzubeziehen.

Die **Brandschutzaufklärung** durch die Feuerwehren ist auf die Bevölkerung einer Gemeinde – bezogen auf deren jeweiliges Wohnumfeld – ausgerichtet. Im Rahmen der Brandschutzaufklärung soll diese Personengruppe über den sachgerechten Umgang mit Feuer, die notwendigen Maßnahmen zur Verhütung von Bränden sowie das richtige Verhalten bei Bränden und die Möglichkeiten der Selbsthilfe informiert werden. Dabei müssen die Feuerwehren insbesondere Menschen mit Einschränkungen oder ältere Menschen mit deren jeweiligen körperlichen, sprachlichen und geistigen Möglichkeiten und deren Bedürfnissen berücksichtigen.

2.3 Selbstkontrolle und Testfragen

(Lösungen siehe Seite 112)

1. Welche grundlegenden Schutzziele sind in den Bauordnungen der Bundesländer beschrieben?

a) Die öffentliche Sicherheit und Ordnung dürfen nicht gefährdet werden.
b) Der Besitz und das Eigentum dürfen nicht gefährdet werden.
c) Das Leben und die Gesundheit dürfen nicht gefährdet werden.
d) Der Bestand eines Unternehmens darf nicht gefährdet werden.

2. Welche Anforderungen bezüglich des Brandschutzes werden in den Bauordnungen der Bundesländer gestellt?

a) Der Entstehung eines Brandes muss vorbeugt werden.
b) Der Ausbreitung von Feuer und Rauch muss vorbeugt werden.
c) Die Löscharbeiten müssen überflüssig werden.
d) Die Rettung von Menschen und Tieren muss ermöglicht werden.

3. Wodurch wird die Einflussnahme der Feuerwehren hinsichtlich der Umsetzung des Baurechtes sichergestellt?

a) Durch die brandschutztechnischen Stellungnahmen.
b) Durch die Beschaffung geeigneter Feuerwehrfahrzeuge.
c) Durch die regelmäßige Durchführung von Brandverhütungsschauen.
d) Durch eine spezielle Ausbildung der Feuerwehrangehörigen.
e) Durch die Durchführung von Brandsicherheitsdiensten.

4. In welchen baulichen Anlagen werden Brandverhütungsschauen durchgeführt?

a) In allen baulichen Anlagen.
b) Nur in baulichen Anlagen, die bewohnt werden.
c) In baulichen Anlagen besonderer Art und Nutzung.
d) In baulichen Anlagen, in denen ein erhöhtes Brandrisiko besteht.

3 Bauliche Brandschutzmaßnahmen

Zu den baulichen Brandschutzmaßnahmen gehören alle „fest eingebauten" bautechnischen Schutzmaßnahmen innerhalb und im Bereich von baulichen Anlagen, die sowohl bei der Errichtung, der Erweiterung und der Änderung von baulichen Anlagen verwirklicht werden müssen. Durch die Umsetzung bestimmter baulicher Brandschutzmaßnahmen sollen vor allem die nachfolgend beschriebenen Schutzziele erreicht werden:

- Durch eine zweckmäßige Anordnung und Gestaltung der baulichen Anlagen soll die Brandausbreitung innerhalb dieser Anlagen sowie auf benachbarte Bereiche weitgehend eingeschränkt und der Einsatz der Feuerwehr erleichtert werden.
- Durch eine geeignete Gestaltung der Außenanlagen im Bereich der baulichen Anlagen soll für die Feuerwehr eine sichere Zugänglichkeit für Rettungs- und auch für Löscharbeiten geschaffen werden.
- Durch die Verwendung geeigneter Baustoffe mit einem bestimmten Brandverhalten soll der Brandentstehung vorgebeugt und die Brandausbreitung eingeschränkt werden.
- Durch die Verwendung geeigneter Bauteile mit einem bestimmten Feuerwiderstand soll die Widerstandsfähigkeit einer baulichen Anlage gegen Brandeinwirkungen während eines bestimmten Zeitraumes erhöht und die Brandausbreitung eingeschränkt werden.
- Durch die Festlegung von räumlich begrenzten Brandabschnitten innerhalb von baulichen Anlagen, gegliedert durch Brandwände mit festgelegtem Feuerwiderstand, soll die Brandausbreitung eingeschränkt werden.
- Durch die Schaffung von Rettungswegen, die auch Angriffswege für die Feuerwehr sind, sollen die Nutzer einer baulichen Anlage diese im Gefahrfall verlassen können und soll die Rettung von Menschen und Tieren durch die Einsatzkräfte der Feuerwehr ermöglicht werden.
- Durch eine angemessene Löschwasserversorgung, bei der die Belange des abwehrenden Brandschutzes ausreichend berücksichtigt werden, sollen wirksame Löscharbeiten ermöglicht werden.

Im Verlauf der Nutzung einer baulichen Anlage dürfen die vorgeschriebenen und umgesetzten baulichen Brandschutzmaßnahmen nicht willkürlich verändert werden. Es muss vielmehr stets darauf geachtet werden, dass die Maßnahmen durch eine geeignete Überwachung, Wartung und Instandhaltung ihre volle Wirksamkeit behalten.

3.1 Brandverhalten von Baustoffen

Baustoffe sind Materialien, aus denen die Bauteile von baulichen Anlagen bestehen. Eine Voraussetzung für die Beurteilung von Gefahren, die im Brandfall von baulichen Anlagen ausgehen können, sind Kenntnisse über das Brandverhalten der verwendeten Baustoffe und der daraus hergestellten Bauteile. Die Abschätzung des Brandverhaltens ist für die Einsatzkräfte der Feuerwehren notwendig, um den zu erwartenden Gefahren mit geeigneten Maßnahmen zu begegnen oder sich vor diesen Gefahren zu schützen. Üblicherweise ist bekannt, ob Baustoffe brennbar oder nichtbrennbar sind, das heißt, Holz brennt, Stahl nicht. Um das Brandverhalten von Baustoffen jedoch verbindlich beschreiben und die Eigenschaften der verschiedenen Baustoffe untereinander vergleichen und beurteilen zu können, müssen sie hinsichtlich ihres Brandverhaltens entsprechend geprüft und zugeordnet werden.

■ Brandverhalten gemäß DIN 4102-1

In der DIN 4102-1 sind brandschutztechnische Begriffe, Anforderungen, Prüfungen und Zuordnungen für Baustoffe festgelegt. Die Baustoffe werden gemäß dieser Norm hinsichtlich ihrer Brennbarkeit und Entflammbarkeit geprüft und einer entsprechenden Baustoffklasse zugeordnet. In Abhängigkeit von der Art und der Form der Baustoffe werden dazu verschiedene Brandprüfungen durchgeführt und bestimmte Merkmale ermittelt, zum Beispiel der Temperaturverlauf während der Prüfung, der Heizwert, die Wärmeentwicklung und das Abtropfen von brennenden Teilen. Die sich daraus ergebende Einordnung der nichtbrennbaren und brennbaren Baustoffe in eine der festgelegten Baustoffklassen wird durch ein Prüfzeugnis oder ein Prüfzeichen nachgewiesen.

Tabelle 1: Baustoffklassen gemäß DIN 4102-1

Baustoff-klasse	bauaufsichtliche Benennung	Erläuterungen und Beispiele
A	nichtbrennbare Baustoffe	
A1	nichtbrennbare Baustoffe ohne brennbare Bestandteile	Baustoffe, die nicht brennbar sind und für die kein Nachweis erforderlich ist, zum Beispiel Sand, Steine, Ziegel, Zement, Mörtel, Beton, Glas, Stahl, bestimmte Metalle, bestimmte Mineralfaserplatten
A2	nichtbrennbare Baustoffe mit brennbaren Bestandteilen	Baustoffe, die zwar nicht entzündbar sind, aber geringfügig brennbare Bestandteile enthalten, zum Beispiel geschlossene Gipskartonplatten, bestimmte Mineralfasererzeugnisse
B	brennbare Baustoffe	
B1	schwerentflammbare Baustoffe	Baustoffe, die zwar brennbar sind, aber nach der Beseitigung der Wärmequelle nicht selbständig weiterbrennen, zum Beispiel gelochte Gipskartonplatten, Holzwolle-Leichtbauplatten, bestimmte Spanplatten oder Kunststofferzeugnisse
B2	normalentflammbare Baustoffe	Baustoffe, die durch eine Zündquelle entflammbar sind und von alleine weiterbrennen, zum Beispiel Holz und Holzwerkstoffe dicker als zwei Millimeter, bestimmte Dachpappen, PVC- oder textile Fußbodenbeläge
B3	leichtentflammbare Baustoffe	Baustoffe, die mit kleinen Zündquellen entflammbar sind und ohne weitere Wärmezufuhr mit steigender Geschwindigkeit weiterbrennen, zum Beispiel Papier, Holzwolle, Holz und Holzwerkstoffe dünner als zwei Millimeter, Polystyrol, Stroh oder Reet

Hinweis: Baustoffe, die auch nach der Verarbeitung oder dem Einbau noch leicht entflammbar sind, dürfen bei der Errichtung und Veränderung baulicher Anlagen grundsätzlich nicht verwendet werden.

■ Brandverhalten gemäß DIN EN 13501-1

Im Zuge der Harmonisierung technischer Regeln in Europa wurde für die Prüfung und Einstufung des Brandverhaltens neu zugelassener Bauprodukte ein Klassifizierungssystem gemäß DIN EN 13501-1 eingeführt und in das deutsche Bauordnungsrecht aufgenommen. Als Bauprodukte werden gemäß dieser Norm Baustoffe bezeichnet, die aus nur einem Stoff oder einem feinverteilten Gemisch bestehen, zum Beispiel Holz, Stein oder Beton, Verbundbaustoffe und Bestandteile, über die Informationen verlangt werden.

Diese Bauprodukte werden entsprechend dem Brandverhalten – bestimmt durch die Entzündbarkeit, die Brennbarkeit, die Flammenausbreitung und die freiwerdende Wärme – in die Klassen A1, A2, B, C, D, E oder F eingeteilt. Zusätzlich werden auch Brandnebenerscheinungen, zum Beispiel die Rauchentwicklung (Kurzzeichen s) und das brennende Abtropfen beziehungsweise Abfallen (Kurzzeichen d) klassifiziert. Je nach Ausmaß werden die Brandnebenerscheinungen jeweils mit drei Klassen bewertet, die Rauchentwicklung mit s1 bis s3 und das brennende Abtropfen beziehungsweise Abfallen mit d0 bis d2.

■ Vergleich der Baustoffklassen

Im Unterschied zur nationalen Klassifizierung gemäß DIN 4102-1 stellt das europäische Klassifizierungssystem gemäß DIN EN 13501-1 für die Einstufung des Brandverhaltens von Baustoffen beziehungsweise Bauprodukten eine größere Vielfalt von Klassen und Kombinationen zur Verfügung. Ein direkter Vergleich der bisherigen Baustoffklassen gemäß DIN 4102-1 mit den Bauproduktklassen gemäß DIN EN 13501-1 ist auf Grund der unterschiedlicher Prüfkriterien nicht ohne weiteres möglich. Da es nach wie vor Baustoffe beziehungsweise Bauprodukte gibt, für die noch keine europäischen Produktnormen oder technischen Zulassungen vorliegen, gilt in Deutschland derzeit eine bis auf weiteres nicht begrenzte Übergangsregelung. Demnach darf neben der DIN EN 13501-1 gleichberechtigt auch die DIN 4102-1 verwendet werden. Zu beachten sind in diesem Zusammenhang aber die jeweils geltenden Landesbauordnungen.

3.2 Feuerwiderstand von Bauteilen

Bauteile bestehen aus einem Baustoff oder verschiedenen Baustoffen und sind Bestandteile von baulichen Anlagen. Sie werden nach ihrer Funktion in tragende, aussteifende und raumabschließende Bauteile unterteilt. Zu den Bauteilen zählen unter anderem:

- Wände, Decken, Treppen, Schornsteine, Dächer, Balkone, ...
- Stützen, Pfeiler, Träger, Unterzüge, Brüstungen, Kragplatten, ...
- Türen, Tore, Klappen, Fenster, Verglasungen, Leitungen, ...

Bauteile werden so bemessen, zusammengefügt und verankert, dass sie bei normaler Beanspruchung ihre Form und Lage nicht verändern und stabil und standfest bleiben. Außergewöhnliche Einwirkungen wie Erdbeben, Explosionen, Sturm und besonders Brände können jedoch bauliche Anlagen und ihre Bauteile ganz oder teilweise zerstören. Bei einem voll entwickelten Brand können Bauteile mit Temperaturen zwischen etwa 800 Grad Celsius und 1.200 Grad Celsius beaufschlagt werden. Diese Brandeinwirkungen führen dazu, dass die Bauteile ihre Festigkeit verlieren oder dass durch Abbrand und Abplatzungen ihr Querschnitt verringert wird und dadurch ihre Tragfähigkeit nachlässt. Die Festigkeits- und Tragfähigkeitsverluste können dann einen Einsturz der baulichen Anlage oder auch Teileinstürze von Bereichen der baulichen Anlage zur Folge haben.

■ Feuerwiderstandsdauer gemäß DIN 4102-2

Das Brandverhalten von Bauteilen wird durch die Feuerwiderstandsdauer gekennzeichnet. Dies ist die Mindestdauer in Minuten, während der ein Bauteil festgelegten Brandeinwirkungen widersteht und sonstige Anforderungen (Raumabschluss, Standfestigkeit, ...) erfüllt. Zur Ermittlung der Feuerwiderstandsdauer werden bestimmte Bauteile gemäß DIN 4102-2 im Brandversuch unter anderem durch ein „genormtes“ Feuer beansprucht, deren Verlauf als Einheits-Temperaturzeitkurve bezeichnet wird. Entsprechend der bei diesen Prüfungen ermittelten Feuerwiderstandsdauer werden die Bauteile dann einer bestimmten Feuerwiderstandsklasse zugeordnet.

Tabelle 2: Feuerwiderstandsklassen gemäß DIN 4102-2

Feuerwiderstandsklasse	Feuerwiderstandsdauer
F 30	≥ 30 min
F 60	≥ 60 min
F 90	≥ 90 min
F 120	≥ 120 min
F 180	≥ 180 min

Bauteile mit einem bestimmten Brandverhalten und einer entsprechenden Feuerwiderstandsklasse können wesentlich die Ausbreitung eines Brandes innerhalb einer baulichen Anlage und die Standfestigkeit der baulichen Anlage beeinflussen. Deshalb werden gemäß den Landesbauordnungen in Abhängigkeit von der Größe und Nutzung einer baulichen Anlage in bestimmten Bereichen geprüfte Bauteile in **feuerhemmender, hochfeuerhemmender** oder **feuerbeständiger** Ausführung gefordert. Je nach Brennbarkeit der verwendeten Baustoffe ergeben sich für die so geforderten Bauteile bestimmte Bezeichnungen.

Tabelle 3: Bauaufsichtliche Bezeichnungen gemäß DIN 4102-2

Bauaufsichtliche Bezeichnung	Feuerwiderstandsklasse gemäß DIN 4102-2	Kurzzeichen gemäß DIN 4102-2
feuerhemmend	F 30	F 30 B
feuerhemmend, aus nichtbrennbaren Baustoffen	F 30 und aus nichtbrennbaren Baustoffen	F 30 A
hochfeuerhemmend	F 60 und in wesentlichen Teilen aus nichtbrennbaren Baustoffen	F 60 AB
	F 60 und aus nichtbrennbaren Baustoffen	F 60 A
feuerbeständig	F 90 und in wesentlichen Teilen aus nichtbrennbaren Baustoffen	F 90 AB
feuerbeständig, aus nichtbrennbaren Baustoffen	F 90 und aus nichtbrennbaren Baustoffen	F 90 A

■ Feuerwiderstandsdauer gemäß DIN EN 13501-2

Die Feuerwiderstandsklassen von Bauteilen werden entsprechend dem europäischen Klassifizierungssystem gemäß DIN EN 13501-2 mit einer Kombination aus einem oder mehreren Buchstaben (Kurzzeichen zur Beschreibung bestimmter Eigenschaften) sowie einer Zahl (Feuerwiderstandsdauer in Minuten) angegeben. Im Gegensatz zu den Festlegungen der DIN 4102-2 ermöglicht das Klassifizierungssystem gemäß DIN EN 13501-2 – das ebenfalls in das deutsche Bauordnungsrecht übernommen wurde – eine Vielzahl von Klassifizierungen in unterschiedlichen Kombinationen.

Tabelle 4: Bestimmte Eigenschaften von Bauteilen

Kurzzeichen	Eigenschaften	Erläuterungen
R	**Tragfähigkeit**	Die Fähigkeit von Bauteilen (Wände, Stützen, ...), unter mechanischen Belastungen einer Brandeinwirkung ohne Verlust der Standsicherheit zu widerstehen.
E	**Raumabschluss**	Die Fähigkeit von Bauteilen mit raumtrennender Funktion (nichttragende Wände, ...), bei einer einseitigen Brandeinwirkung dem Durchtritt von Flammen oder Rauch und so der Weiterleitung des Brandes zu widerstehen.
I	**Wärmedämmung**	Die Fähigkeit von Bauteilen (Wände, Decken, Feuerschutztüren, ...), bei einer einseitigen Brandeinwirkung der Wärmeübertragung auf die vom Feuer abgewandten Seite zu widerstehen, sodass sich dort befindliche Materialien nicht entzünden können.
W	**Strahlung**	Die Fähigkeit von Bauteilen (Brandschutzverglasungen, ...), bei einer einseitigen Brandeinwirkung der Brandübertragung durch Wärmestrahlung auf die vom Feuer abgewandten Seite zu widerstehen, sodass sich dort befindliche Materialien nicht entzünden können.

Tabelle 4: Bestimmte Eigenschaften von Bauteilen *(Fortsetzung)*

Kurz-zeichen	Eigenschaften	Erläuterungen
M	**Widerstand gegen mechanische Beanspruchung**	Die Fähigkeit von Bauteilen (Brandwände, ...), einer mechanischen Stoßbeanspruchung durch ein anderes Bauteil, das im Brandfall seine Tragfähigkeit verliert, zu widerstehen.
C	**Selbstschließende Eigenschaft**	Die Fähigkeit von geöffneten Feuerschutzabschlüssen (Rauchschutztüren, ...), sich vollständig zu schließen.
S	**Rauchdichtheit**	Die Fähigkeit von Bauteilen (Rauchschutztüren, Lüftungsanlagen, ...), die Durchlässigkeit von Rauch von einer Seite des Bauteils zur anderen zu begrenzen oder auszuschließen.
G	**Widerstandsfähigkeit gegen Rußbrand**	Die Fähigkeit von Bauteilen (Abgasanlagen, Schornsteine, ...), gegen Rußbrand widerstandsfähig zu sein.
K	**Brandschutzfunktion**	Die Fähigkeit von Brandschutzbekleidungen (Wand- oder Deckenbekleidungen), das dahinter liegende Material vor Entzündung, Verkohlung und anderen Schäden zu schützen.

Hinweis: Um genaue Angaben zu besonderen Eigenschaften bestimmter Bauteile zu ermöglichen, kann die Klassifizierung durch weitere in der DIN EN 13501-2 festgelegte Kurzzeichen oder auch durch die Richtung der Brandeinwirkung erweitert werden.

Gemäß der DIN 4102-2 wird die mögliche Feuerwiderstandsdauer mit 30, 90, 120 oder 180 Minuten angegeben. Die DIN EN 13501-2 enthält dagegen eine weitergehende Unterteilung der möglichen Feuerwiderstandsdauer mit nunmehr 15, 20, 30, 45, 60, 90, 120, 180 oder 240 Minuten. Innerhalb dieser Feuerwiderstandsdauer muss ein Bauteil bestimmte Eigenschaften gewährleisten, die durch die Voranstellung des entsprechenden Kurzzeichens beschrieben werden.

3.3 Feuerwiderstand von Sonderbauteilen

Sonderbauteile werden entsprechend der DIN 4102 besonderen Prüfungen unterzogen, um ihr Verhalten im Brandfall einordnen zu können. Sie müssen neben den brandschutztechnischen Anforderungen weitere besondere Funktionen erfüllen. Für diese Bauteile werden Kurzzeichen verwendet, die dann in Kombination mit einer Zahl die Feuerwiderstandsklasse angeben und so das Sonderbauteil und die Feuerwiderstandsdauer beschreiben.

Tabelle 5: Kurzzeichen für Sonderbauteile gemäß DIN 4102

Kurz-zeichen	Sonderbauteile
F	tragende und/oder raumabschließende Bauteile
W	nichttragende und nicht raumabschließende Bauteile
T	Feuerschutzabschlüsse (Türen, Tore, Klappen, Rollläden)
L	Lüftungsleitungen (Schächte, Kanäle, Rohre, Formstücke)
K	Absperrungen in Lüftungsleitungen (Brandschutzklappen)
S	Abschottungen für Kabel und Leitungen
R	Rohrabschottungen, -durchführungen und -ummantelungen
I	Installationsschächte und -kanäle
E	Funktionserhalt elektrischer Leitungsanlagen
G	Brandschutzverglasungen (durchlässig für Wärmestrahlung)
F	Brandschutzverglasungen (undurchlässig für Wärmestrahlung)

So beschreibt zum Beispiel das Kurzzeichen K 90 eine feuerbeständige Brandschutzklappe als Absperrung in einer Lüftungsleitung, die 90 Minuten einem Feuer standhalten kann und so eine Brandübertragung durch die Wand, in der sie eingebaut ist, verhindert.

Hinweis: Der Feuerwiderstand von Sonderbauteilen kann auch gemäß DIN EN 13501-2 geprüft und mit einem oder mehreren Buchstaben (Eigenschaften) sowie einer Zahl (Dauer) gekennzeichnet werden.

3.3.1 Brandwände

Um das Schutzziel „Ausbreitung von Feuer und Rauch verhindern" zu erreichen, muss durch die Abschottung bestimmter Bereiche einer baulichen Anlage sichergestellt werden, dass ein entstandener Brand auf den betroffenen Bereich beschränkt bleibt. Zu diesem Zweck werden bauliche Anlagen in Brandabschnitte, die durch Wände und/oder Decken begrenzt sind, eingeteilt. In den Landesbauordnungen ist jeweils festgelegt, dass ausgedehnte bauliche Anlagen im Abstand von nicht mehr als 40 Meter durch Brandwände zu unterteilen sind.

Hinweis: Bei der Festlegung der Abstände der Brandwände und der sich daraus ergebenden maximale Brandabschnittgröße von 1.600 Quadratmeter wurden auch die technischen und taktischen Möglichkeiten bei der Brandbekämpfung durch die Feuerwehren berücksichtigt.

Sind in baulichen Anlagen größere Brandabschnitte erforderlich, kann dies im Einzelfall gestattet werden, „wenn wegen des Brandschutzes keine Bedenken bestehen". Dann sind jedoch geeignete Ersatzmaßnahmen erforderlich, zum Beispiel der Einbau einer Rauch- und Wärmeabzugsanlage und/oder einer automatischen Löschanlage (Sprinkleranlage).

Brandwände sind Gebäudeabschlusswände (äußere Brandwände) oder Gebäudetrennwände (innere Brandwände) zur Unterteilung einer baulichen Anlage oder zur Abgrenzung der Brandabschnitte. Sie sollen vor allem die Ausbreitung eines Brandes auf angrenzende Bereiche verhindern. An Brandwände werden besondere Anforderungen bezüglich der Baustoffe (nicht brennbar), des Feuerwiderstands (feuerbeständig), der Standfestigkeit und des Raumabschlusses gestellt. Sie müssen senkrecht durchgehend durch ein Gebäude geführt werden und einen Dachüberstand (oder gleichwertige Lösungen) zur Verhinderung eines Flammenüberschlages haben.

Hinweis: Brandwände sind für den Einsatzleiter der Feuerwehr ein wichtiges Element bei der Planung der jeweiligen Einsatzmaßnahmen, zum Beispiel für die Festlegung von Riegelstellungen.

Abbildung 2: Brandwand zwischen dem Lagerbereich und dem Bürobereich eines Industriegebäudes (Quelle: Hans Kemper, Geseke)

3.3.2 Sonstige Gebäudetrennungen

Neben den Brandwänden tragen auch sonstige Gebäudetrennwände und Decken zur Abschottung innerhalb einer baulichen Anlage und so zur Verhinderung der Brandausbreitung bei. Diese Wände und Decken werden gemäß Bauordnungsrecht in Abhängigkeit von der Größe und Nutzung einer baulichen Anlage in feuerhemmender oder feuerbeständiger Ausführung aus brennbaren oder nichtbrennbaren Baustoffen gefordert und eingebaut. In Industriegebäuden ist die Trennung von unterschiedlichen Betriebsteilen auch durch Komplextrennwände (F 180 A) möglich. Diese sind nicht Bestandteil des Bauordnungsrechtes, sondern werden aus versicherungsrechtlichen Überlegungen gefordert und eingebaut.

3.3.3 Abschlüsse in Wänden und Decken

In Wänden und Decken, die aufgrund baurechtlicher Vorschriften in baulichen Anlagen eingebaut werden und die neben der Sicherstellung der Standfestigkeit auch die Ausbreitung von Feuer und Rauch verhindern sollen, dürfen zunächst keine Öffnungen eingebaut sein. Sind Öffnungen in Wänden und Decken aufgrund der Nutzung einer baulichen Anlage erforderlich, sind sie durch dicht- und selbstschließende Abschlüsse zu sichern.

Diese Abschlüsse müssen üblicherweise die gleiche Feuerwiderstandsdauer aufweisen, wie die Wände und Decken, in die sie eingebaut sind. Zu den Abschlüssen gehören Feuerschutzabschlüsse (T), Brandschutzverglasungen (F, G), Absperrvorrichtungen in Lüftungsleitungen (K), Abschottungen (R, S) und Installationsschächte und -kanäle (I).

■ Feuerschutzabschlüsse

Feuerschutzabschlüsse sind selbstschließende Türen, Tore, Klappen oder Rollläden, die dazu bestimmt sind, im eingebauten und geschlossenen Zustand den Durchtritt von Feuer und Rauch durch Öffnungen in Wänden oder Decken über eine bestimmte Zeitdauer zu verhindern. Sofern Feuerschutzabschlüsse aus betrieblichen Gründen während der Betriebszeit geöffnet bleiben sollen, sind sie mit bauaufsichtlich zugelassenen Feststellvorrichtungen zu versehen. Die Abschaltung der Haltemagnete der Feststellvorrichtungen erfolgt durch Brandmelder, die auf Rauch reagieren und unmittelbar oberhalb der zu schützenden Öffnung installiert werden.

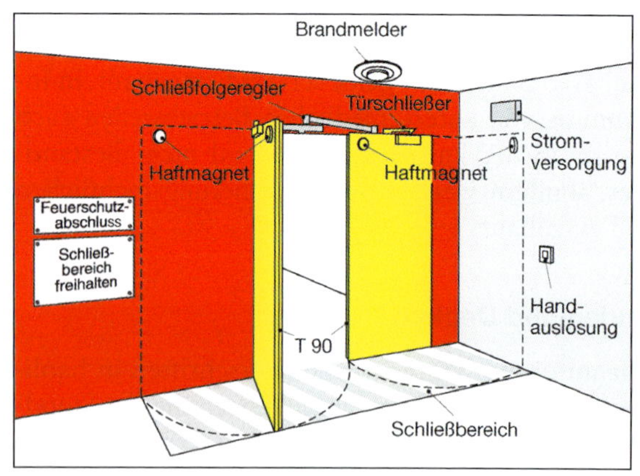

Abbildung 3:
Feuerschutzabschluss mit Feststellvorrichtung
(Quelle: VdS Schadenverhütung, GmbH, Köln)

■ Sonstige Abschlüsse

Neben den Feuerschutzabschlüssen sind weitere bauaufsichtlich zugelassene Abschlüsse für Öffnungen in Wänden und Decken vorgesehen.

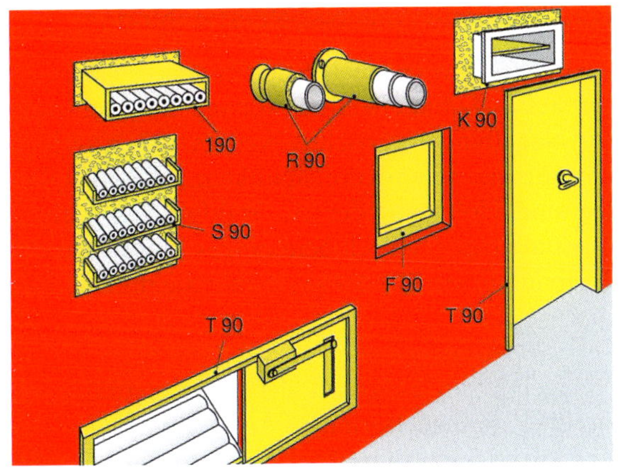

Abbildung 4: Feuerbeständig geschützte Öffnungen in einer Brandwand (Quelle: VdS Schadenverhütung, GmbH, Köln)

3.4 Bedachungen

Bedachungen sollen bei einer Brandeinwirkung von außen die Brandausbreitung auf dem Dach und in das Gebäude verhindern. Gemäß DIN 4102-7 werden Dacheindeckungen, also die Außenseiten des Daches einschließlich Abdichtungen, Dämmschichten, Lichtkuppeln und anderen Dachöffnungen, geprüft. Mit einem speziellen Brandversuch wird jedoch nicht eine bestimmte Feuerwiderstandsdauer in Minuten, sondern der Widerstand gegen Flugfeuer und strahlende Wärme ermittelt.

Tabelle 6: Feuerwiderstand von Bedachungen

Prüfergebnis des Brandversuches	Bauaufsichtliche Bezeichnung	Beispiele
widerstandsfähig gegen Flugfeuer und strahlende Wärme	harte Bedachung	Tondachziegel, Betondachsteine, Schiefereindeckungen
nicht widerstandsfähig gegen Flugfeuer und strahlende Wärme	weiche Bedachung	Holzschindeln, Reet, Stroh

■ Besonderheit: Dachkonstruktionen aus Nagelplattenbindern

Dächer von bestimmten Gebäuden, zum Beispiel Verkaufsstätten, landwirtschaftlichen Gebäuden oder auch Wohngebäuden, können kostengünstig mit Dachkonstruktionen aus Nagelbindern errichtet werden. Die einzelnen Holzbauteile dieser Binder werden an ihren Knotenpunkten mit Nagelplatten verbunden. Nagelplatten sind Holzverbinder aus Stahlblech mit abgewinkelten nagelförmigen Ausstanzungen. Durch beidseitiges Einpressen der Nagelplatten werden die Holzbauteile der Binder kraftschlüssig miteinander verbunden.

Im Brandfall werden die Nagelplatten aufgrund der Wärmeleitfähigkeit schnell erwärmt, die Wärme über die nagelförmigen Ausstanzungen in das Holzbauteil geleitet und der Holzwerkstoff um diese Ausstanzungen herum verkohlt. Durch diese Verkohlung geht die kraftschlüssige Verbindung der Nagelplatten verloren. Aufgrund der besonderen statischen Auslegung von Dachkonstruktionen aus Nagelbindern verhalten sich diese Dächer wie ein einzelnes Bauteil. Versagen Holzbauteile innerhalb der gesamten Dachkonstruktion oder lockern sich nur wenige Nagelplatten, kann die gesamte Dachkonstruktion auch ohne Vorwarnung schlagartig einstürzen.

Abbildung 5: Herausgefallene Nagelplatten einer eingestürzten Dachkonstruktion (Quelle: Sebastian Stenzel, Feuerwehrforum Wiesbaden112.de)

3.5 Rettungswege

Eine der wichtigen Festlegungen in Brand- und Arbeitsschutzvorschriften ist die Beschreibung der erforderlichen Rettungswege in Gebäuden und ihre Anbindung an öffentlichen Verkehrsflächen im Freien. Rettungswege dienen Personen, die durch ein Brandgeschehen oder ein sonstiges Ereignis gefährdet sind, als Fluchtwege, die sie aus eigener Kraft schnell und sicher nutzen können. Gleichzeitig ermöglichen die Rettungswege der Feuerwehr die Durchführung von Rettungs- und Brandbekämpfungsmaßnahmen. Zur Rettung von Personen müssen immer zwei voneinander unabhängige Rettungswege vorhanden sein. Hierzu heißt es in der Musterbauordnung:

> „Für Nutzungseinheiten mit mindestens einem Aufenthaltsraum wie Wohnungen, ... müssen in jedem Geschoss mindestens zwei voneinander unabhängige Rettungswege ins Freie vorhanden sein; ...“

3.5.1 Erster Rettungsweg

Der erste Rettungsweg muss immer ein baulicher Rettungsweg sein, über den gefährdete Personen von einer Nutzungseinheit mit Aufenthaltsraum, zum Beispiel einer Wohnung oder einem Bürobereich, unmittelbar über einen Ausgang ins Freie gelangen können.

Befinden sich in einer Nutzungseinheit mehrere Aufenthaltsräume, so ist bei erdgeschossigen Räumen der Ausgang und bei nicht zu ebener Erde liegenden Geschossen der notwendige Treppenraum über einen notwendigen Flur mit diesen Räumen zu verbinden. An diese Flure werden je nach Art und Nutzung des Gebäudes bestimmte Anforderungen gestellt. Der Treppenraum hat darüber hinaus sowohl für die Flucht der Personen als auch für Rettungs- und Brandbekämpfungsmaßnahmen der Feuerwehr eine besondere Bedeutung und muss deshalb besondere Anforderungen erfüllen und auch direkt ins Freie führen. Er liegt in der Regel innerhalb des Gebäudes an der Außenwand und verfügt über Fenster oder Rauchabzugsöffnungen, die zum Lüften oder zur Rauchableitung genutzt werden können.

3.5.2 Zweiter Rettungsweg

Während der erste Rettungsweg immer ein baulicher Rettungsweg sein muss, kann der erforderliche zweite Rettungsweg auf unterschiedlicher Weise sichergestellt werden. Er kann über einen weiteren baulichen Rettungsweg, das heißt, einen direkten Ausgang ins Freie oder eine notwendige Treppe, oder über eine mit Rettungsgeräten der Feuerwehr erreichbare Stelle der Nutzungseinheit führen. Ein zweiter Rettungsweg ist nicht erforderlich, wenn die Rettung über einen sicher erreichbaren und entsprechend ausgestatteten Treppenraum möglich ist, in den Feuer und Rauch nicht eindringen können (Sicherheitstreppenraum). In den meisten Fällen wird jedoch, sofern es die Nutzung und Höhe des Gebäudes zulässt, der zweite Rettungsweg durch tragbare Leitern oder Hubrettungsgeräte der Feuerwehr sichergestellt.

An Gebäuden, bei denen die Oberkante der Brüstung der zum Anleitern bestimmten Fenster oder Stellen **nicht mehr als 8 Meter** über der Geländeoberfläche liegt, können von der Feuerwehr tragbare Leitern für Rettungsmaßnahmen eingesetzt werden.

Hinweis: In diesem Fall können 4-teilige Steckleitern (Länge 8,40 Meter) zur Rettung von Personen eingesetzt werden. Es fehlt dann zwar der für den sicheren Einstieg notwendige Leiterüberstand von einem Meter. Hierauf muss bei der Rettung von Personen verzichtet werden.

Gebäude, bei denen die Oberkante der Brüstung der zum Anleitern bestimmten Fenster oder Stellen **mehr als 8 Meter** über der Geländeoberfläche liegt, dürfen nur errichtet werden, wenn die zuständige Feuerwehr über ein Hubrettungsfahrzeug verfügt oder ein derartiges Fahrzeug in angemessener Zeit nachrücken kann. Geeignete Fenster und sonstige zum Anleitern bestimmte Stellen müssen von öffentlichen Verkehrsflächen oder Aufstellflächen aus erreichbar sein. Bei Gebäuden, bei denen die Oberkante der Brüstung der zum Anleitern bestimmten Fenster oder Stellen **mehr als 23 Meter** über der Geländeoberfläche liegt – diese Gebäude werden baurechtlich als Hochhäuser bezeichnet – muss auch der zweite Rettungsweg durch bauliche Maßnahmen sichergestellt werden.

3.6 Zugänglichkeit

Für die Durchführung von wirksamen Rettungs- und Löschmaßnahmen ist es erforderlich, dass Grundstücke und Gebäude im Einsatzfall für die Feuerwehr gut zugänglich und schnell zu betreten sind. Dazu ist die Festlegung, Errichtung und Zuweisung entsprechender Zufahrten und Zugänge, Aufstell- und Bewegungsflächen, Gebäudezugänge und Angriffswege notwendig.

3.6.1 Zugänge, Zufahrten und Flächen für die Feuerwehr

Liegen Gebäude oder Gebäudeteile in einem größeren Abstand von einer öffentlichen Verkehrsfläche und ist die Zugänglichkeit von dort nicht unmittelbar gewährleistet, sind geeignete Zugänge, Zufahrten und/oder Flächen für die Feuerwehr erforderlich.

Damit an ausgedehnten Gebäuden oder im Bereich weitläufiger baulicher Anlagen auch rückwärtige Gebäude oder Gebäudeteile erreicht werden können, müssen diese mindestens über geeignete begehbare **Zu- und Durchgänge** mit öffentlichen Verkehrsflächen verbunden werden. Ist das Erreichen dieser rückwärtigen Gebäude und Gebäudeteile mit einem Hubrettungsfahrzeug erforderlich, müssen diese über geeignete befahrbare **Feuerwehrzufahrten** mit den öffentlichen Verkehrsflächen verbunden werden. Feuerwehrzufahrten dienen darüber hinaus dem Erreichen von nicht überbauten und befestigten **Aufstellflächen** für Hubrettungsfahrzeuge, von denen aus zum Retten von Personen die notwendigen Fenster oder Stellen eines Gebäudes erreicht werden können, oder von befestigten **Bewegungsflächen** für sonstige Feuerwehr- und Rettungsfahrzeuge. Diese Flächen müssen jederzeit freigehalten werden.

An der Zufahrt von der öffentlichen Verkehrsfläche aus muss eine amtliche Kennzeichnung „Feuerwehrzufahrt“ angebracht werden.

Hinweis: Gemäß § 12 Abs. 1 der Straßenverkehrsordnung (StVO) ist das Halten (und damit auch das Parken) vor und in amtlich gekennzeichneten Feuerwehrzufahrten unzulässig.

Abbildung 6: Beispiel für die Kennzeichnung einer Feuerwehrzufahrt (Quelle: Sebastian Stenzel, Feuerwehrforum Wiesbaden112.de)

3.6.2 Gelände- und Gebäudezugänge

Gerade bei Gebäuden, die nicht „rund um die Uhr" genutzt werden, zum Beispiel bei Baumärkten, Einkaufszentren, Gewerbebetrieben oder Lagerhallen, können sich außerhalb der üblichen Arbeitszeiten oder nachts für die Feuerwehr Probleme mit der notwendigen Zugänglichkeit im Einsatzfall ergeben. Das gewaltsame Aufbrechen eines Zugangs durch die Feuerwehr kann sich sehr zeitaufwendig und schwierig gestalten, da derartige Objekte meist mit einbruchhemmenden Zugängen ausgerüstet sind.

Um der Feuerwehr im Einsatzfall bei Abwesenheit des Betreibers eines Objektes einen ungehinderten Zugang zu einem Gelände oder Gebäude zu ermöglichen und gleichzeitig die Anforderungen des Einbruchschutzes sicherzustellen, kann an Objekten, die mit einer Brandmeldeanlage ausgerüstet sind, ein Feuerwehr-Schlüsseldepot (FSD) gemäß Anhang A der DIN 14675-1 eingebaut werden. Dabei handelt es sich um ein gegen unbefugten Zugriff geschütztes Behältnis für die Aufbewahrung des Objektschlüssels.

Abbildung 7: Feuerwehr-Schlüsseldepot an der Zufahrt zu einer Lagerhalle (Quelle: Bernd Dittrich, Korbach)

Das Feuerwehr-Schlüsseldepot wird gut zugänglich außen am Gebäude in der Nähe des Eingangs oder an der Zufahrt zum Gelände angebracht. Als stabiler, elektrisch überwachter Schlüsseltresor besitzt es zwei hintereinander angeordnete Türen. Die erste Tür wird nur im Alarmfall, das heißt beim Ansprechen einer Brandmeldeanlage und gleichzeitiger Alarmierung der Feuerwehr, freigeschaltet. Die zweite Tür wird mit einem mitgeführten Feuerwehrschlüssel, der für alle Feuerwehr-Schlüsseldepots im Ausrückebereich der Feuerwehr gleich ist, durch die Feuerwehr geöffnet. Erst dann ist die Entnahme des eigentlichen Objektschlüssels möglich.

3.6.3 Angriffswege der Feuerwehr

Die Fluchtwege für die Nutzer eines Gebäudes sind gleichzeitig auch die Rettungs- und Angriffswege für die Feuerwehr. In Gebäuden mit hoher Personenkonzentration kann es erforderlich sein, spezielle Rettungs- und Angriffswege zu schaffen, damit die vorrückenden Einsatzkräfte nicht von Personen „umgerannt“ werden, die das Gebäude fluchtartig verlassen.

Darüber hinaus können tragbare Leitern und Hubrettungsfahrzeuge der Feuerwehr als Angriffswege von außen genutzt werden. In baulichen Anlagen besonderer Art und Nutzung, zum Beispiel in Hochhäusern, kann der Einbau eines **Feuerwehraufzuges** erforderlich sein. Während normale Aufzüge im Brandfall weder von den Personen im Gebäude noch von der Feuerwehr benutzt werden dürfen, dienen Feuerwehraufzüge aufgrund ihrer speziellen technischen Ausstattung der Feuerwehr im Brandfall auch als Angriffsweg. Feuerwehraufzüge müssen unter anderem

- bestimmte Abmessungen aufweisen,
- in einem eigenen feuerbeständigen Schacht eingebaut,
- gegen das Eindringen von Feuer und Rauch geschützt,
- an eine Ersatzstromversorgung angeschlossen und
- mit einer Steuerung über Feuerwehr-Schlüsselschalter ausgestattet sein.

3.7 Löschwasserversorgung

Die Löschwasserversorgung ist die Gesamtheit aller Maßnahmen, Mittel und Methoden, die der Bereitstellung von Wasser zum Löschen von Bränden dienen. Für die Durchführung wirksamer Löscharbeiten ist die Bereitstellung einer ausreichenden Löschwassermenge durch eine angemessene Löschwasserversorgung eine wesentliche Voraussetzung für einen erfolgreichen Einsatz der Feuerwehr. Entsprechend der Verfügbarkeit der Wasservorräte wird die Löschwasserversorgung grundsätzlich in die Bereiche der zentralen und der unabhängigen Löschwasserversorgung unterteilt.

3.7.1 Richtwerte für den Löschwasserbedarf

Zur Berechnung des Löschwasserbedarfs wird das DVGW-Arbeitsblatt W 405 der Deutschen Vereinigung des Gas- und Wasserfaches herangezogen. Gemäß diesem Arbeitsblatt werden die notwendigen Löschwassermengen in Abhängigkeit von der baulichen Nutzung und der Gefahr der Brandausbreitung für eine Löschzeit von zwei Stunden ermittelt.

Die Löschwasserentnahme kann aus dem Rohrnetz der öffentlichen Trinkwasserversorgung erfolgen und/oder aus sonstigen Wasservorräten, zum Beispiel aus Flüssen, Seen, Löschwasserbrunnen oder Löschwasserteichen. Neben der Löschwassermenge für den Grundschutz, die von der Gemeinde bereitzustellen ist, wird bei hoher Brandbelastung, der Gefahr einer schnellen Brandausbreitung oder bei erheblichen Wertkonzentrationen in besonderen Objekten zusätzlich eine bestimmte Löschwassermenge gefordert, die der Betreiber einer baulichen Anlage als Objektschutz bereitstellen muss.

3.7.2 Zentrale Löschwasserversorgung

Bei der zentralen Löschwasserversorgung wird das notwendige Löschwasser von der Feuerwehr über Unterflur- oder Überflurhydranten aus dem festverlegten Rohrleitungsnetz der Trinkwasserversorgung entnommen.

■ Unterflurhydranten

Unterflurhydranten gemäß DIN EN 14339 sind Anschlusseinrichtungen, die nicht über die Geländeoberfläche hinausragen und die zusammen mit einem Standrohr und einem Hydrantenschlüssel in Betrieb genommen werden. Sie bestehen im Wesentlichen aus einer mit der Geländeoberfläche bündigen Straßenkappe mit Deckel, einem Mantelrohr mit Klaue und Ventilspindel, sowie einem Ventilgehäuse, gegebenenfalls mit selbsttätiger Entleerung. Diese Teile sind unter der Geländeoberfläche, also „unterflur“, eingebaut und werden zum Schutz der Bedienungseinrichtungen im unbenutzten Zustand durch die Straßenkappe verschlossen.

Wesentliche Vorteile der Unterflurhydranten sind die fehlende Behinderung des Straßenverkehrs beim Einbau in Verkehrsflächen. Dem stehen jedoch verschiedene Nachteile gegenüber, zum Beispiel das jeweils notwendige Hinweisschild, das erschwerte Auffinden, insbesondere bei Dunkelheit oder Schnee und im Bereich von Grünanlagen, die Behinderung der Zugänglichkeit durch parkende Fahrzeuge oder der höhere Zeitaufwand für die Inbetriebnahme (Standrohr setzen, ...).

■ Überflurhydranten

Überflurhydranten gemäß DIN EN 14384 sind Anschlusseinrichtungen, die über die Geländeoberfläche hinausragen und aus denen Wasser ohne Zuhilfenahme einer weiteren Armatur unmittelbar entnommen werden kann. Zur Inbetriebnahme ist nur ein Hydrantenschlüssel erforderlich. Sie werden in Überflurhydranten mit freiliegenden oberen Abgängen und Überflurhydranten mit Fallmantel unterschieden.

Wesentliche Vorteile der Überflurhydranten sind das schnelle Auffinden, insbesondere bei Dunkelheit oder Schnee und im Bereich von Grünanlagen, die im Vergleich mit Unterflurhydranten höhere Durchflussleistung (in Liter pro Minute) bei gleicher Anschlussnennweite und der geringe Zeitaufwand bei der Inbetriebnahme. Dem stehen jedoch verschiedene Nachteile gegenüber, zum Beispiel die vergleichsweise hohen Anschaffungs- und Einbaukosten, die Einschränkung des Verkehrsraumes oder die Gefährdungen durch den Straßenverkehr (kann an- oder umgefahren werden!).

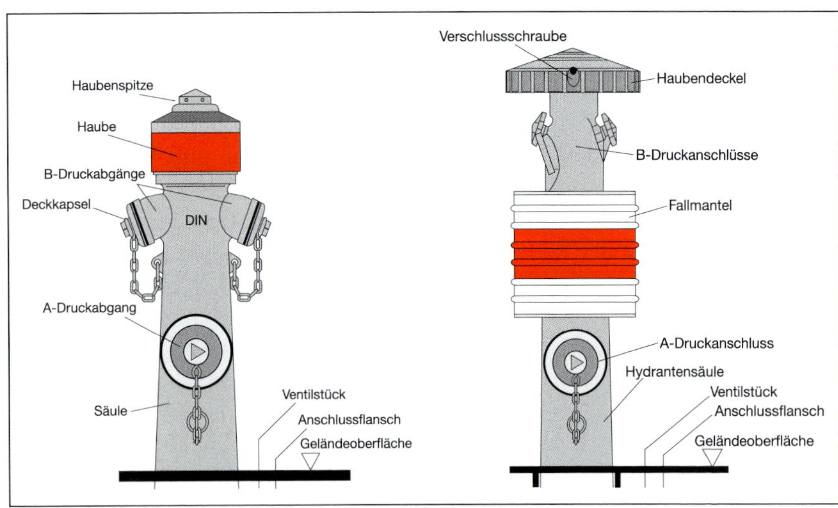

Abbildung 8: Überflurhydrant mit freiliegenden oberen Abgängen (links) und mit Fallmantel (rechts, mit geöffnetem Fallmantel)

3.7.3 Unabhängige Löschwasserversorgung

Bei der unabhängigen Löschwasserversorgung wird Löschwasser aus Wasservorräten entnommen, die unabhängig von der zentralen Löschwasserversorgung sind, zum Beispiel aus Flüssen, Kanälen oder Seen oder aus Löschwasserteichen, -behältern oder -brunnen. Diese Löschwasserversorgung ist von besonders Bedeutung, wenn die örtlichen Gegebenheiten der zentralen Löschwasserversorgung nicht ausreichend sind oder aufgrund der besonderen Einsatzsituation ein sehr großer Löschwasserbedarf besteht.

- Ein **Löschwasserteich** gemäß DIN 14210 ist eine künstlich angelegte offene Einrichtung zur Löschwasserbevorratung, mit einem Saugschacht oder mindestens einem festverlegten Saugrohr.
- Ein **unterirdischer Löschwasserbehälter** gemäß DIN 14230 ist eine künstlich angelegte überdeckte Einrichtung zur Löschwasserbevorratung, mit einem Saugschacht und in Abhängigkeit von der Größe des Behälters mit einem festverlegten Saugrohr oder mehreren Saugrohren.
- Ein **Löschwasserbrunnen** gemäß DIN 14220 ist eine künstlich angelegte Einrichtung zur Löschwasserentnahme aus dem Grundwasser. Dabei wird das Grundwasser durch Saugbetrieb oder durch eine Tauchpumpe über ein in die Erde getriebenes Rohr gefördert.
- Eine **Löschwasserentnahmestelle** ist eine künstlich angelegte oder natürliche Stelle, an der Wasser für Löschzwecke entnommen werden kann, zum Beispiel eine Saugstelle oder ein Löschwasser-Sauganschluss.
- Eine **Saugstelle** ist eine vorbereitete Löschwasserentnahmestelle an einem offenen Gewässer, an der mit selbst verlegten Saugleitungen der Feuerwehr oder über gegebenenfalls festinstallierte Saugrohre oder Saugschächte Löschwasser entnommen werden kann.
- Ein **Löschwasser-Sauganschluss** gemäß DIN 14244 ist eine Einrichtung zur Löschwasserentnahme aus unterschiedlichen Löschwasserentnahmestellen. Er ist ausgangsseitig mit einer A-Kupplung zum Anschluss von Saugschläuchen versehen und kann eingangsseitig mit dem Saugrohr eines Löschwasserteiches, den Saugrohren von unterirdischen Löschwasserbehältern, mit einem Löschwasserbrunnen oder einem fest verlegten Saugrohr an einem offenen Gewässer verbunden sein.

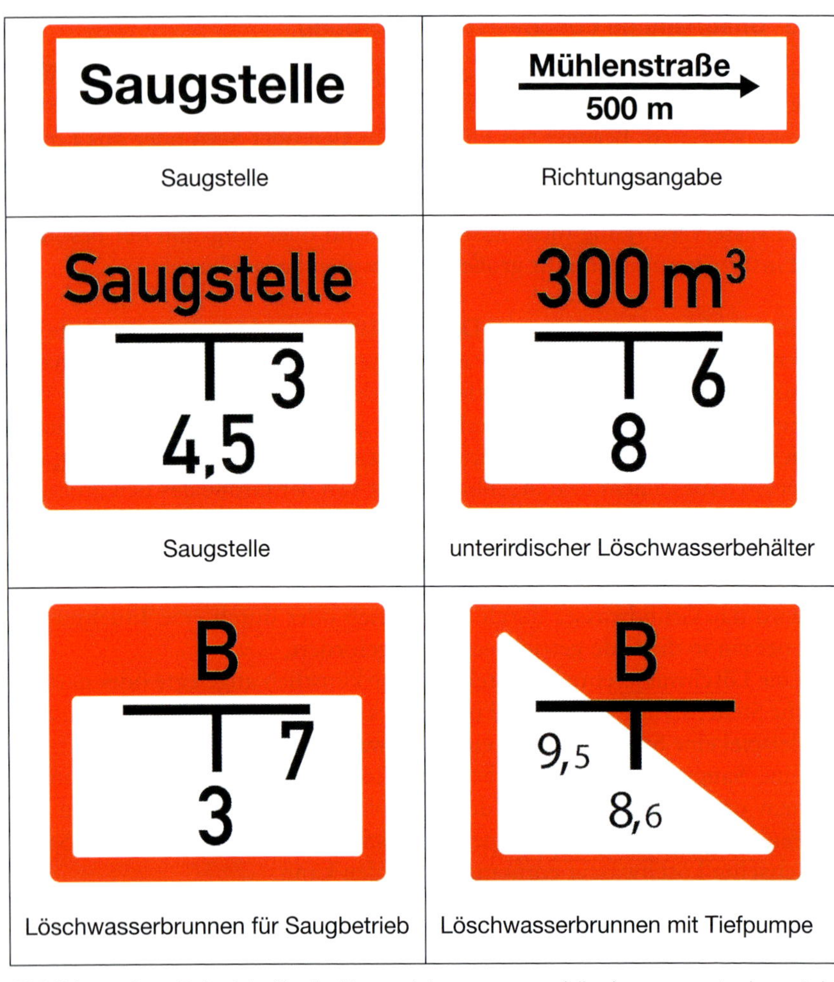

Abbildung 9: Beispiele für die Kennzeichnungen von Löschwasserentnahmestellen, gemäß DIN 4066[1]

[1] Wiedergegeben mit Erlaubnis des DIN Deutsches Institut für Normung e.V. Maßgebend für den Anwender der Norm ist deren Fassung mit dem neuesten Ausgabedatum, die bei der VDE-Verlag GmbH, Bismarckstraße 33,10625 Berlin und der Beuth Verlag GmbH, Burggrafenstraße 6, 10787 Berlin erhältlich ist.

3.8 Selbstkontrolle und Testfragen

(Lösungen siehe Seite 112)

1. Wie werden Baustoffe gemäß DIN 4102-1 unterteilt?

a) A 1 – nicht brennbar, ohne brennbare Bestandteile
b) B 1 – brennbar, schwerentflammbar
c) B 2 – brennbar, nichtentflammbar
d) B 3 – brennbar, leichtentflammbar
e) C 1 – unbrennbar, ohne brennbare Bestandteile.

2. Wie werden Bauteile gemäß DIN 4102-2 unterteilt?

a) F 30 – feuerhemmend
b) F 60 – hochfeuerhemmend
c) F 90 – feuerbeständig
d) F 120 – besonders feuerbeständig
e) F 180 – ganz besonders feuerbeständig

3. Welche Anforderungen werden an Brandwände gestellt?

a) Aus nichtbrennbaren Baustoffen
b) Feuerwiderstandsdauer 90 Minuten
c) Waagerecht abgewinkelter Verlauf
d) Dachüberstand oder gleichwertige Lösungen

4. Welche Anforderungen werden an Abschlüsse in Wänden und Decken gestellt, die aufgrund baurechtlicher Vorschriften in Gebäuden eingebaut werden?

a) Dicht- und selbstschließend
b) Üblicherweise gleicher Feuerwiderstand wie Wand oder Decke
c) Grundsätzlich feuerhemmende Ausführung
d) Ausbreitung von Feuer und Rauch verhindern
e) Einbau nur durch ausgebildete Feuerwehrangehörige

5. Welche Aussagen über Rettungswege sind richtig?

a) Sie werden in Brand- und Arbeitsschutzvorschriften gefordert.
b) Sie müssen eine Anbindung an öffentliche Verkehrsflächen haben.
c) Sie dienen gefährdeten Personen als Fluchtweg.
d) Sie dienen der Feuerwehr als Rettungs- und Angriffsweg.
e) Es müssen in jeder Nutzungseinheit mit Aufenthaltsraum in jedem Geschoss mindestens zwei voneinander unabhängige Rettungswege vorhanden sein.

6. Wie können rückwärtige Gebäude oder Gebäudeteile von ausgedehnten baulichen Anlagen erreicht werden?

a) Über Zu- und Durchgänge
b) Über Auf- und Abgänge
c) Über Zu- und Durchfahrten
d) Über Auf- und Abfahrten
e) Über Um- und Unterfahrten

7. Welche Anforderungen werden an Feuerwehraufzüge gestellt?

a) Sie müssen bestimmte Abmessungen aufweisen.
b) Sie müssen mit einem Feuerlöscher ausgestattet sein.
c) Sie müssen vor dem Eindringen von Feuer und Rauch geschützt sein.
d) Sie müssen mit einer speziellen Aufzugsteuerung ausgerüstet sein.
e) Sie dürfen nur vom Einsatzleiter benutzt werden.

8. Welche Ausstattungen gehören zur zentralen Löschwasserversorgung?

a) Ein Rohrleitungsnetz
b) Saugrohre und -schächte
c) Unterflurhydranten und Überflurhydranten
d) Löschwassersauganschlüsse
e) Wandhydrantenschränke und Löschwasserleitungen

4 Anlagentechnische Brandschutzmaßnahmen

Grundlegende Voraussetzung für den Schutz vor den Auswirkungen durch Brände in baulichen Anlagen sind zunächst die baulichen Brandschutzmaßnahmen. Letztlich reichen diese für einen umfassenden Brandschutz aber nicht immer aus. Vielmehr sind oftmals zusätzliche Maßnahmen des anlagentechnischen Brandschutzes erforderlich, mit denen die jeweiligen baulichen Brandschutzmaßnahmen ergänzt und unterstützt werden.

Zu den Maßnahmen des anlagentechnischen Brandschutzes gehören vor allem die technischen Einrichtungen, die im Falle eines Brandes eine unverzügliche Branderkennung, eine Warnung der gefährdeten Personen, sichere und rauchfreie Flucht- und Rettungswege und eine wirksame Brandbekämpfung ermöglichen und die in baulichen Anlagen vorbeugend bereitgehalten oder eingebaut werden.

Hinweis: Die technischen beziehungsweise baulichen Beschaffenheiten dieser Einrichtungen sind in entsprechenden Regelwerken beschrieben. Deren Anwendung erfolgt vor allem auf der Basis entsprechender baurechtlicher Vorschriften.

4.1 Fernsprechanlagen

Eine einfache Methode, einen Brand an eine hilfeleistende Stelle zu melden, ist die Verwendung eines privaten oder öffentlichen Telefons (oder Mobiltelefons). Hiermit kann die zuständige Leitstelle der Feuerwehr (oder der Polizei) unter der Notrufnummer 112 erreicht werden. Dies hat den Vorteil, dass eine direkte Verbindung des Anrufers mit der hilfeleistenden Stelle möglich ist und Rückfragen gestellt werden können, die eine „genaue" Schilderung der Gefahrensituation ermöglichen. Telefonleitungen können im Gefahrfall jedoch unterbrochen, gestört oder überlastet sein. Auch die Kommunikation über Mobiltelefone kann, besonders bei größeren Schadenfällen, durch Netzüberlastung aufgrund der umfassenden Nutzung eingeschränkt sein.

4.2 Brandmeldeanlagen

Eine Brandmeldeanlage ist eine Gefahrenmeldeanlage, die einen Brand zu einem sehr frühen Zeitpunkt erkennt, Personen im überwachten Bereich durch akustische Signale alarmiert und durch einen direkten Hilferuf an eine hilfeleistende Stelle melden kann. Sie ermöglicht außerdem eine genaue Lokalisierung des Brandortes innerhalb einer baulichen Anlage und auch die automatische Ansteuerung von technischen Brandschutz- und Betriebseinrichtungen. Eine Brandmeldeanlage besteht im Wesentlichen aus Brandmeldern, einer Übertragungseinrichtung, einer Brandmelderzentrale und den entsprechenden Leitungssystemen.

4.2.1 Brandmelder

Zum schnellen und sicheren Erkennen einer Gefahr nutzen Brandmeldeanlagen Brandmelder, die eine Brandmeldung in einer Brandmelderzentrale auslösen können. Es wird zwischen automatischen Brandmeldern, die den Brand anhand bestimmter Kriterien (Feuer, Wärme, Rauch) erkennen, und nichtautomatischen Brandmeldern, die durch Personen von Hand betätigt werden müssen, unterschieden.

Abbildung 10: Mehrfachsensor-Brandmelder (Quelle: Hekatron, Sulzburg)

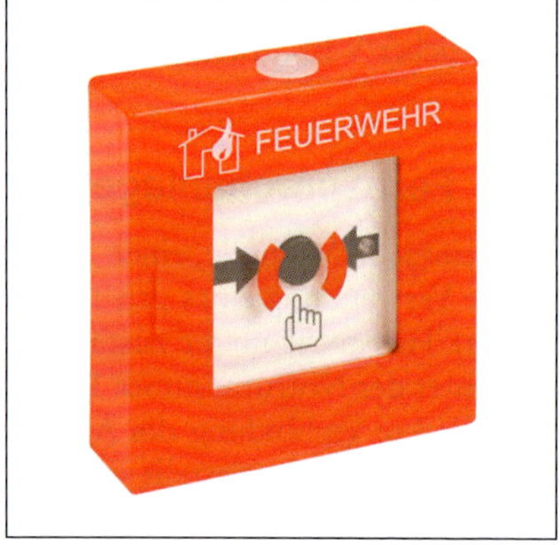

Abbildung 11: Handfeuermelder (Novar GmbH, Neuss)

Automatische Brandmelder reagieren ständig oder in wiederkehrenden Zeitabständen – je nach Art und Ausführung – auf Rauchaerosole, auf Schwelbrände, offenes Feuer und/oder auf besondere Wärmeentwicklungen und können so eine personenunabhängige Brandmeldung weiterleiten.

4.2.2 Übertragungseinrichtung

Eine Übertragungseinrichtung für Brandmeldungen, auch Hauptmelder genannt, ist eine Einrichtung, mit der automatisch durch die Brandmelderzentrale oder zusätzlich durch einen speziellen Handfeuermelder eine Brandmeldung weitergeleitet und in einer ständig besetzten Stelle, zum Beispiel in der Leitstelle der Feuerwehr, angezeigt wird. Die elektrische Ansteuerung der Übertragungseinrichtung erfolgt über eine spezielle Leitung, die ständig auf Drahtbruch und Kurzschluss überwacht wird. In der Hauptmelderzentrale der ständig besetzten Stelle kann die Objektzugehörigkeit der Meldung anhand der Brandmeldernummer erkannt werden.

4.2.3 Brandmelderzentrale

Alle Meldungen der automatischen und nichtautomatischen Brandmelder laufen in einer Brandmelderzentrale (BMZ) zusammen, werden dort ausgewertet sowie optisch und akustisch angezeigt. Die Brandmelderzentrale löst interne Alarme aus und leitet die Brandmeldung an die Übertragungseinrichtung weiter. Gegebenenfalls werden bestimmte betriebsinterne Sicherheitseinrichtungen, zum Beispiel Aufzüge, Feuerschutzabschlüsse oder Löschanlagen, angesteuert. Die Brandmelderzentrale registriert jede Störung und zeigt diese optisch und akustisch an. Sie versorgt andere Bestandteile der Brandmeldeanlage mit Energie aus dem Stromnetz und stellt bei Stromausfall für eine bestimmte Zeit eine Batteriestromversorgung sicher.

Die anrückende Feuerwehr kann an der Brandmelderzentrale oder einem Feuerwehr-Anzeigetableau (FAT) den ausgelösten Melder und die Meldergruppe ablesen und diesen Melderstandort aus einem Verzeichnis oder einer Klartextanzeige entnehmen. Das Auffinden des jeweiligen Melderstandortes wird dann durch Feuerwehr-Laufkarten ermöglicht.

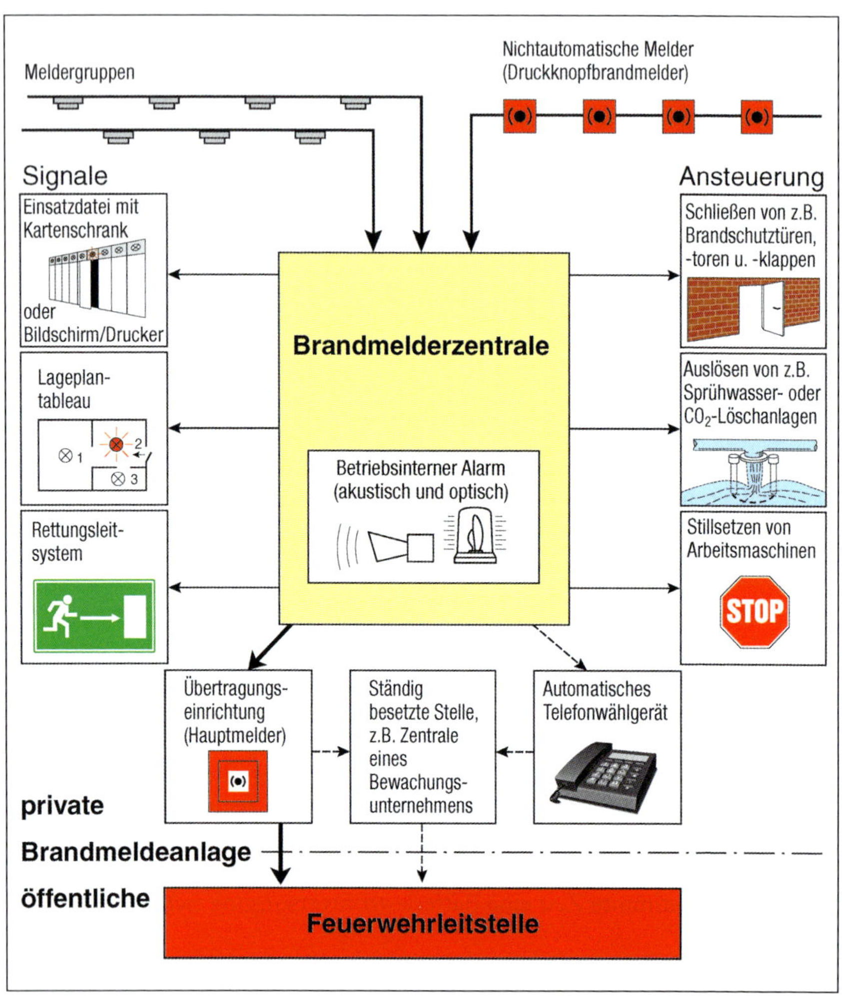

Abbildung 12: Grundsätzlicher Aufbau einer Brandmeldeanlage (Quelle: AllianzRisiko Service)

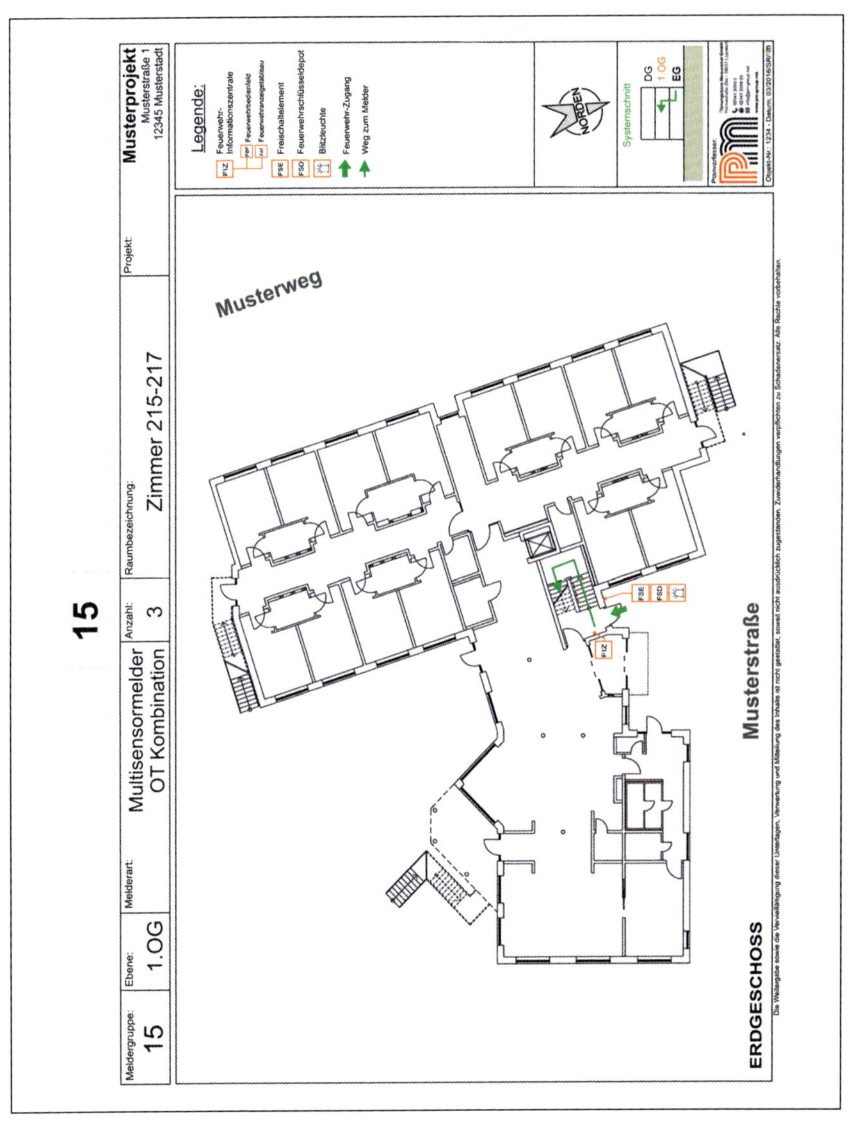

Abbildung 13.1: Vorderseite einer Feuerwehr-Laufkarte (Quelle: pm-group, Lippstadt)

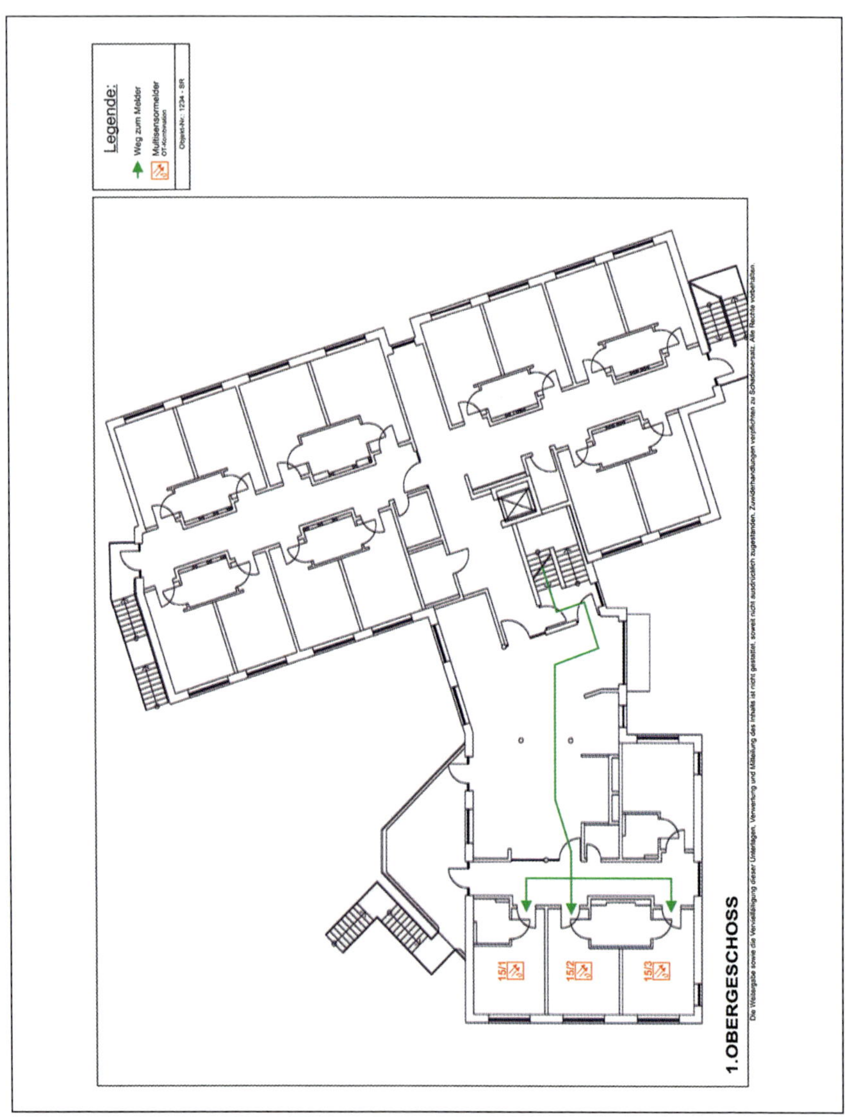

Abbildung 13.2: Rückseite einer Feuerwehr-Laufkarte (Quelle: pm-group, Lippstadt)

4.2.4 Bedienung einer Brandmeldeanlage

Das Feuerwehr-Bedienfeld (FBF) und das Feuerwehr-Anzeigetableau (FAT) sind genormte Zusatzeinrichtungen zum Anschluss an Brandmelderzentralen, auf denen die Einsatzkräfte der Feuerwehr eine stets gleichbleibende Signal- und Bedienungsanordnung sowie eine Anzeige der Betriebszustände (Alarm, Störung oder Abschaltung) der Brandmeldeanlage vorfinden. Dadurch wird den Einsatzkräften ohne die Mitwirkung des Betreibers der Brandmeldeanlage eine einheitliche Bedienung im Einsatzfall ermöglicht, auch wenn die Brandmeldeanlagen der verschiedenen Anlagenhersteller jeweils unterschiedlich ausgeführt sind.

Häufig werden die für den Einsatz der Feuerwehr notwendigen Funktionen einer Brandmeldeanlage in einer Feuerwehr-Informationszentrale zusammengefasst, an der die Einsatzkräfte alle für sie notwendigen Informationen und Bedienmöglichkeiten der Brandmeldeanlage sowie die notwendigen Feuerwehr-Laufkarten vorfinden. Diese Feuerwehr-Informationszentralen werden in gesicherten Bereichen der Objekte installiert, üblicherweise im Bereich der Brandmelderzentrale, und sind nach Auslösung einer Brandmeldeanlage die Anlaufstellen für die Feuerwehr.

Abbildung 14: Feuerwehrinformationszentrale mit Feuerwehr-Anzeigetableau, Feuerwehr-Bedienfeld und Feuerwehr-Laufkarten (Quelle: Bernd Dittrich, Korbach)

4.2.5 Rauchwarnmelder

Rauchwarnmelder sind spezielle Brandmelder gemäß DIN 14676 für die Verwendung in privaten Wohnhäusern, Wohnungen und Räumen mit wohnungsähnlicher Nutzung. Sie dienen bei einem Entstehungsbrand in derartigen Bereichen – vor allem zur Nachtzeit – der frühzeitigen Warnung und Selbstrettung von Personen und alarmieren diese durch ein akustisches Signal. Rauchwarnmelder reagieren üblicherweise genau wie herkömmliche automatische Rauchmelder auf Rauchpartikel, wenn diese in die Messkammer der Melder eindringen. Als Energieversorgung dienen üblicherweise auswechselbare oder – zum Schutz vor unbefugten Eingriffen an den Meldern – fest eingebaute Batterien. Bei einem Rauchwarnmelder handelt es sich quasi um eine vollständige Brandmeldeanlage auf kleinstem Raum, bei der sowohl der Sensor, die Auswerteelektronik, der Alarmgeber sowie die Stromversorgung in einem Gehäuse untergebracht sind.

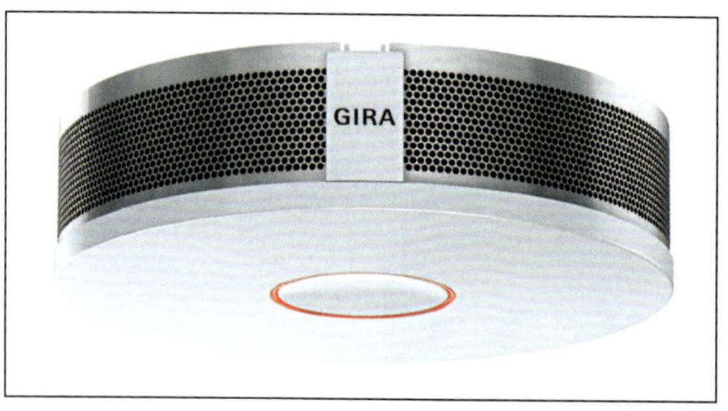

Abbildung 15: Rauchwarnmelder (Quelle: GIRA, Radevormwald)

Rauchwarnmelder sind vor allem in Schlaf- und Kinderzimmern sowie in Fluren, die als Fluchtweg dienen, jeweils an der Zimmerdecke und möglichst in der Raummitte anzubringen. Der Mindestabstand der Melder zu angrenzenden Wänden sollte 50 Zentimeter nicht unterschreiten.

Hinweis: In Deutschland haben inzwischen alle Länder eine Verpflichtung für die Anbringung von Rauchwarnmeldern in neu errichteten Wohnungen erlassen. Auch in bereits bestehende Wohnungen müssen innerhalb bestimmter Fristen Rauchwarnmelder nachgerüstet werden.

4.3 Rauch- und Wärmeabzugsanlagen

Bei einem Brand in einem Gebäude können Rauch und Wärme in großräumigen Bereichen oder Treppenräumen bis an den oberen Raumabschluss aufsteigen, sich dort stauen und je nach Brandverlauf innerhalb kurzer Zeit den gesamten Raum füllen. Durch entsprechend gestaltete Rauch- und Wärmeabzugsanlagen (RWA) kann erreicht werden, dass im Brandfall aufgestauter Rauch und Wärme über Gebäudeöffnungen ins Freie abgeführt, Sichtbehinderungen durch Rauch für betroffene Personen oder Einsatzkräfte vermieden, Bauteile des Gebäudes nicht übermäßig beansprucht und Brandfolgeschäden durch Verbrennungsprodukte verringert werden.

Um im Brandfall die notwendige Rauch- und Wärmefreihaltung zu erreichen, werden unterschiedliche Anlagen und Einrichtungen angewendet.

- Mit **natürlichen Rauchabzugsanlagen** wird im Brandfall der entstehende Rauch (und auch die Wärme) durch den thermischen Auftrieb über automatisch oder von Hand ausgelöste Rauchabzugsöffnungen im Dachbereich abgeleitet. Für die bestimmungsgemäße Funktion sind im unteren Gebäudebereich ausreichend große Zuluftöffnungen notwendig.

Abbildung 16: Grundsätzliche Funktion einer natürlichen Rauchabzugsanlage (Quelle: VdS Schadenverhütung, Köln)

Gegebenenfalls müssen diese Zuluftöffnungen im Brandfall durch die Einsatzkräfte geschaffen oder zusätzlich tragbare Belüftungsgeräte der Feuerwehr in Stellung gebracht werden.

- Wenn im Dachbereich oder im oberen Gebäudebereich keine geeigneten Rauchabzugsöffnungen vorhanden oder möglich sind, können festeingebaute **maschinelle Rauchabzugsanlagen** angewendet werden, die über Ventilatoren den Rauch aus den betroffenen Bereichen absaugen und über entsprechende Lüftungskanäle ins Freie weiterleiten. Auch für diese Anlagen sind ausreichend große Zuluftöffnungen notwendig.
- **Rauchschürzen** sind bewegliche oder fest eingebaute senkrechte Vorrichtungen entlang einer Dach- oder Deckenunterseite, mit der die seitliche Ausbreitung von Rauch (und Wärme) begrenzt wird. Durch Rauchschürzen werden Rauchabschnitte gebildet, aus denen der Rauch über Rauchabzugsöffnungen gezielt abgeführt werden kann.
- Für den Betrieb der Rauchabzugsanlagen sind unter anderem automatisch wirkende thermische Auslöseelemente, von Hand zu betätigende Fernauslösungen, Betätigungs- und Steuerelemente, Antriebe für die Rauchabzugsöffnungen, Energiezuleitungen und sonstiges Zubehör erforderlich.

Abbildung 17:
Von Hand zu betätigende Fernauslösungen für mehrere Gruppen von natürlichen Rauchabzugsöffnungen (Quelle: Hans Kemper, Geseke)

4.4 Automatische ortsfeste Löschanlagen

Automatische ortsfeste Löschanlagen sind ständig betriebsbereite Anlagen, bei denen aus festverlegten Rohrleitungssystemen mit entsprechenden Auswurfvorrichtungen im Brandfall ein vor Ort bevorratetes Löschmittel, zum Beispiel Wasser, Schaum, Pulver, Kohlenstoffdioxid oder Löschgase, abgegeben wird. Diese Löschanlagen können einen Brand unmittelbar nach seinem Ausbruch gezielt löschen oder zumindest eine Brandausbreitung so lange verhindern, bis entsprechende abwehrende Maßnahmen durch die Feuerwehr durchgeführt werden. Sie werden automatisch (oder auch zusätzlich manuell) ausgelöst und melden gleichzeitig den Brand an eine ständig besetzte Stelle, zum Beispiel an die Leitstelle einer Feuerwehr.

4.4.1 Sprinkleranlagen

Sprinkleranlagen bestehen im Wesentlichen aus einem mit Druck beaufschlagtem Wasserversorgungssystem und festverlegten Rohrleitungen, die über der zu schützenden Fläche im Deckenbereich eines Raumes, unter dem Dach eines Gebäudes, in Regalsystemen, unter Zwischenböden sowie an anderen besonderen Stellen installiert sind. In regelmäßigen Abständen befinden sich an den Rohrleitungen automatische Sprühdüsen, so genannte Sprinkler, die wasserdicht verschlossen sind und aus denen nur im Brandfall das Löschmittel Wasser austritt.

Jeder einzelne Sprinkler ist im Bereitschaftszustand durch eine flüssigkeitsgefüllte Glasampulle verschlossen, die als thermischer Sensor dient. Die Glasampulle reagiert auf die aufsteigenden heißen Brandgase und zerplatzt bei einer technisch vorbestimmten Auslösetemperatur. Dadurch wird der Sprinkler geöffnet und eine berechnete Wassermenge schirmförmig in Form von kleinen Wassertropfen gezielt auf die vom Brand betroffene Teilfläche versprüht. Dabei ist zu beachten, dass nur der Sprinkler gezielt öffnet, der durch die Auswirkungen des Brandes auch ausreichend erwärmt wurde. Sprinkler im nicht vom Brand betroffenen angrenzenden Bereich bleiben dagegen geschlossen.

■ Funktionsweise

Ein an einen Druckluftwasserbehälter (3) angeschlossenes Rohrnetz (7) durchzieht die zu schützenden Gebäudeteile und -bereiche. In regelmäßigen Abständen sind Sprinkler (7) in das Rohrnetz eingeschraubt. Die verschlossenen Sprinkler werden durch die aufsteigende Wärme eines Brandes ausgelöst, die Auslösetemperatur liegt üblicherweise bei etwa 70 Grad Celsius.

Das durch ein Druckluftpolster unter Druck (4) in der Rohrleitung befindliche Wasser trifft auf den Sprühteller des Sprinklers und – je nach Ausführung – jeweils etwa 100 Liter pro Minute werden in feine Tropfen zerteilt und gleichmäßig über den Brandherd verteilt. Solange sich der Brand nicht weiter ausbreitet, bleiben die übrigen Sprinkler zunächst geschlossen.

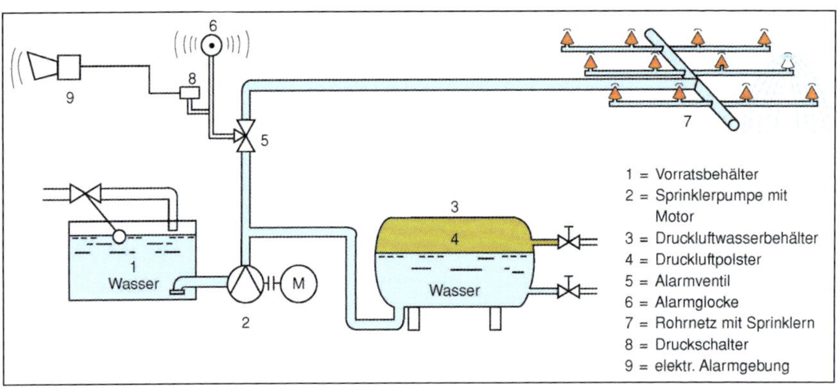

Abbildung 18: Grundsätzlicher Aufbau einer Sprinkleranlage (Quelle: VdS Schadenverhütung, Köln)

Mit Beginn des Löschvorganges strömt Wasser durch das Alarmventil (5). Hierdurch wird die betriebsinterne akustische Alarmglocke (6) ausgelöst und über einen Druckschalter (8) eine elektrische Alarmgebung (9) zu einer ständig besetzten Stelle weitergegeben. Gleichzeitig wird durch entsprechende Kontakte der Motor der Sprinklerpumpe (2) gestartet und Wasser aus dem Vorratsbehälter (1) in das Rohrnetz nachgespeist.

Hinweis: Bei bestimmten Sprinkleranlagen ist das Rohrnetz zunächst mit Druckluft gefüllt. Nach Auslösen eines Sprinklers entsteht ein Druckabfall, der ein Alarmventil öffnet und Wasser über das Rohrnetz zum geöffneten Sprinkler nachströmen lässt. Derartige Sprinkleranlagen werden vorwiegend in frostgefährdeten Bereichen installiert.

Abbildung 19: Alarmventilstation einer Sprinkleranlage (Quelle: Hans Kemper, Geseke)

■ Einsatzhinweise

Wenn die Feuerwehr an einer Einsatzstelle eine ausgelöste Sprinkleranlage vorfindet, sollte die Anlage grundsätzlich erst dann abgestellt werden, wenn sicher ist, dass es sich um eine Fehlauslösung handelt und tatsächlich kein Brand vorliegt, das Feuer durch die Sprinkleranlage restlos abgelöscht wurde oder die Feuerwehr ein durch die Sprinkleranlage nur eingegrenztes Feuer durch einen Innenangriff wirksam bekämpfen kann.

Damit sichergestellt werden kann, dass eine ausgelöste Sprinkleranlage nicht vorzeitig durch die Feuerwehr abgeschaltet wird, sondern bestimmungsgemäß zum Einsatz kommt, sollte die Feuerwehr im Einsatzfall entsprechend dem nachfolgenden Ablaufschema vorgehen:

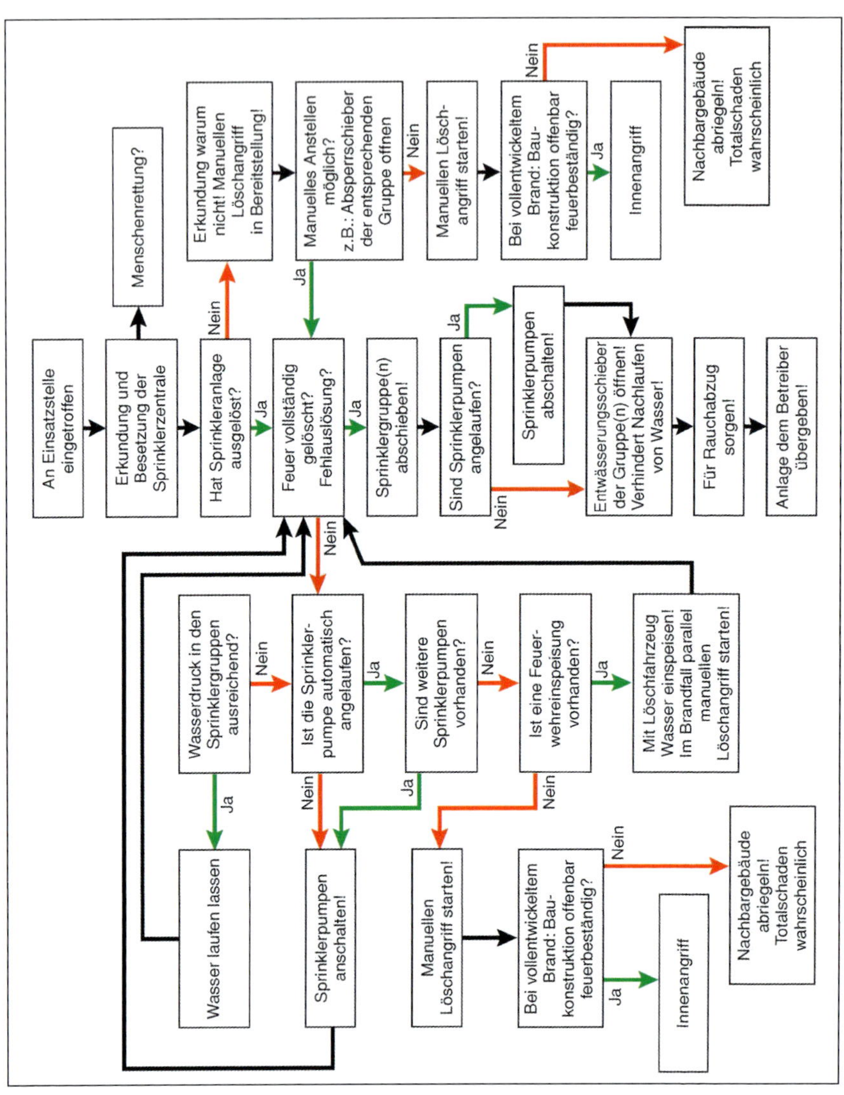

Abbildung 20: Ablaufschema Sprinklerauslösung (nach Hummel, vergleiche Literaturverzeichnis Seite 104)

4.4.2 Sprühwasser-Löschanlagen

Sprühwasser-Löschanlagen bestehen im Wesentlichen aus einem Wasserversorgungssystem und festverlegten Rohrleitungen im zu schützenden Bereich. In regelmäßigen Abständen befinden sich an den Rohrleitungen offene Löschdüsen, die im Brandfall das Wasser, unabhängig vom eigentlichen Brandherd, im gesamten betroffenen Bereich oder auf das zu löschende Objekt verteilen. Diese Löschanlagen eignen sich besonders für Bereiche mit schnell und heftig abbrennenden Stoffen, in denen Wasser als Löschmittel anwendbar ist. Das Auslösen der Anlage erfolgt selbsttätig durch Anregerrohrleitungen mit Detektoren (Sprinklern) oder Brandmeldern, die zusätzlich im zu schützenden Bereich installiert sind oder auch durch Handauslösung von außerhalb des zu schützenden Bereiches.

■ Funktionsweise

Sobald ein Sprinkler (4) der Anregerrohrleitung auslöst oder die Handauslösung (5) betätigt wird, öffnet die Bereichsarmatur (3) und aus dem Vorratsbehälter (1) strömt Wasser über die Pumpe (2) in das Rohrnetz (6) mit den offenen Löschdüsen. Durch die Bereichsarmatur wird außerdem ein Alarm an eine entsprechende Stelle weitergegeben.

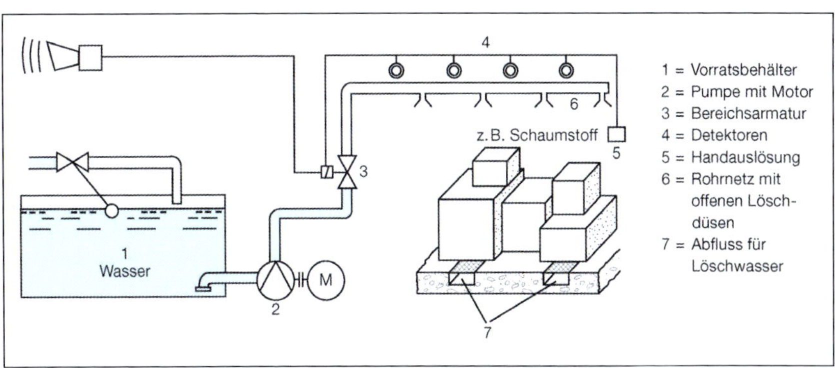

Abbildung 21: Grundsätzliche Funktion einer Sprühwasser-Löschanlage (Quelle: VdS Schadenverhütung, Köln)

4.4.3 Schaumlöschanlagen

Schaumlöschanlagen bestehen im Wesentlichen aus einem Wasserversorgungssystem und festverlegten Rohrleitungen im zu schützenden Bereich. Sie sind ähnlich wie Sprühwasser-Löschanlagen aufgebaut. In regelmäßigen Abständen befinden sich an den Rohrleitungen offene Schaumdüsen oder an bestimmten Stellen Schaumstrahlrohre, aus denen im Brandfall Schaum im gesamten betroffenen Bereich oder auf das zu löschende Objekt verteilt wird. Für die Brandbekämpfung in Bereichen mit brennbaren Flüssigkeiten eignen sich Anlagen mit Schwer- oder Mittelschaum, bei bestimmten brennbaren festen oder flüssigen Stoffen auch Anlagen mit Leichtschaum.

■ Funktionsweise

Sobald ein Detektor der Steuerleitung (5) anspricht oder eine Handauslösung betätigt wird, öffnet die Bereichsarmatur (4 oder 4a); Wasser strömt durch den Schaummittelzumischer (1) und wird mit dem Schaummittel aus dem Schaummittelbehälter (2) vermischt. Über Schaumdüsen (6) oder Schaumrohre (3), an denen die notwendige Luft angesaugt wird, gelangt der fertige Schaum auf die brennende Fläche. Durch die Bereichsarmaturen wird außerdem ein Alarm an eine entsprechende Stelle weitergegeben.

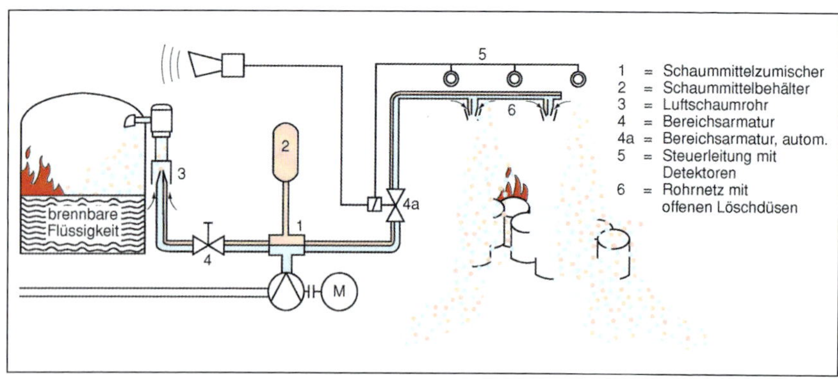

Abbildung 22: Grundsätzliche Funktion einer Schaumlöschanlage (Quelle: VdS Schadenverhütung, Köln)

4.4.4 Kohlendioxid-Löschanlagen

Kohlendioxid-Löschanlagen bestehen im Wesentlichen aus festverlegten Rohrleitungen und offenen Löschdüsen, die im zu schützenden Raum, in der zu schützenden Einrichtung, in Zwischenböden oder an anderen besonderen Stellen gleichmäßig verteilt sind. Die Bevorratung des Löschmittels Kohlendioxid (CO_2) erfolgt in Druckgasflaschen (Hochdruckanlagen) oder in stationären Druckbehältern (Niederdruckanlagen). Vor Austritt des Löschmittels müssen über Warneinrichtungen die im betroffenen Bereich anwesenden Personen gewarnt werden. Denen verbleibt dann eine ausreichende Zeit bis zum Beginn des Löschvorgangs, um den Bereich sicher zu verlassen.

■ Funktionsweise

Sobald ein Detektor der Steuerleitung (6) anspricht oder die Handauslösung betätigt wird, steuert die Brandmelderzentrale (5) die Verzögerungs- und Auslöseeinrichtung (3) und die akustischen und optischen Warneinrichtungen an. Das bevorratete Kohlendioxid (1) strömt über das Rohrnetz und die offenen Löschdüsen (7) in den Löschbereich. Nach der Auslösung der Anlage ist keine Abschaltung mehr möglich – die gesamte Löschmittelmenge wird in den Löschbereich abgegeben.

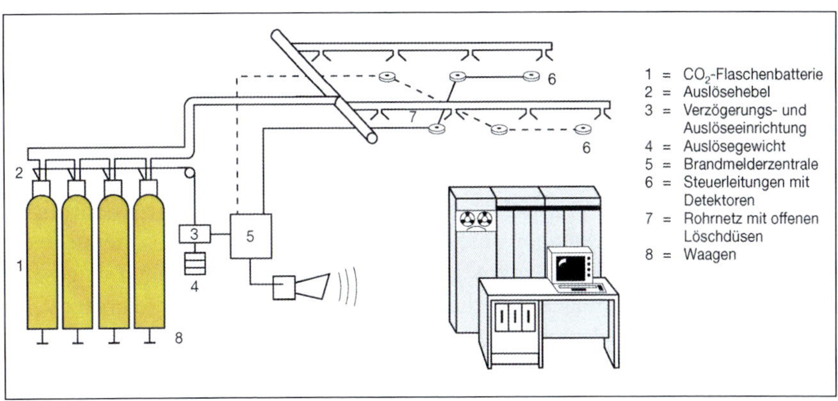

Abbildung 23: Grundsätzliche Funktion einer Kohlendioxid-Löschanlage (Quelle: VdS Schadenverhütung, Köln)

■ Einsatzhinweise

Kohlendioxid ist ein farb- und geruchloses, nicht brennbares Gas und etwa 1,5-mal schwerer als Luft. Es ist ein Atemgift mit Wirkung auf Blut, Nerven und Zellen, das heißt, ab einer Konzentration von etwa 5 Volumenprozent entsteht ein erhöhter Reiz auf das Atemzentrum mit Kopfschmerzen und Schwindelgefühl und ab etwa 8 Volumenprozent eine Lähmung des Atemzentrums, die zu Bewusstlosigkeit und Tod führen kann.

Hinweis: Bereiche, die durch eine Löschanlage mit dem Löschmittel Kohlendioxid geflutet wurden, dürfen für Erkundungs-, Rettungs- oder Brandbekämpfungsmaßnahmen nur unter Verwendung von umluftunabhängigen Atemschutzgeräten (Pressluftatmern, ...) betreten werden.

Verschiedene Auslösungen von Kohlendioxid-Löschanlagen haben in der Vergangenheit zu erheblichen Gefährdungen von Einsatzkräften und Personen in der Nähe der Auslösestellen geführt, da aufgrund von Fehlbedienungen, technischen Mängeln oder Mängeln in der Auslegung der Anlagen größere Mengen Kohlendioxid aus dem eigentlichen Löschbereich in angrenzende Bereiche und auch ins Freie geströmt sind. Derartige Gefährdungen sind zu vermeiden, zum Beispiel durch eine entsprechende Fahrzeugaufstellung (Abstand, Windrichtung), eine weiträumige Absperrung der Einsatzstelle und die Verwendung von umluftunabhängigen Atemschutzgeräten, auch in Zugangsbereichen und angrenzenden Bereichen der Auslösestelle.

4.4.5 Sonstige Löschanlagen mit gasförmigen Löschmitteln

Zu den sonstigen automatischen ortsfesten Löschanlagen mit gasförmigen Löschmitteln zählen Anlagen mit Inertgasen, das heißt, mit sauerstoffverdrängenden Gasen, die alternativ zu Kohlendioxid-Löschanlagen eingesetzt werden oder Löschanlagen mit chemisch wirkenden Gasen, die ersatzweise für ehemalige Halon-Löschanlagen eingesetzt werden können. Diese Löschanlagen kommen meist nur in räumlich abgegrenzten Objekten zur Anwendung, zum Beispiel in EDV-Anlagen.

4.5 Nichtselbsttätige ortsfeste Löschanlagen

Nichtselbsttätige ortsfeste Löschanlagen sind Löschwasseranlagen, die für die Selbsthilfe im Brandfall durch ungeübte und/oder unterwiesene Personen vorgesehen sind und je nach Ausführung auch von der Feuerwehr genutzt werden können. Sie bestehen aus fest in Gebäuden verlegten Löschwasserleitungen mit Feuerlösch-Schlauchanschlusseinrichtungen an den Entnahmestellen. Das für die Brandbekämpfung vorgesehene Wasser wird aus Wasser-Installationen oder im Bedarfsfall durch die Feuerwehr eingespeist.

Hinweis: Der in der Vergangenheit übliche Begriff „Steigleitung" wird nicht mehr verwendet und wurde entsprechend den Anforderungen der aktualisierten DIN 14462 durch den Begriff „Löschwasseranlage" ersetzt.

4.5.1 Löschwasseranlagen „trocken"

Löschwasseranlagen „trocken" sind ausschließlich für Einsatzmaßnahmen der Feuerwehr in hohen Gebäuden oder sonstigen baulichen Anlagen, zum Beispiel Silos oder Türmen, vorgesehen. Sie bestehen aus festverlegten Rohrleitungen im Bereich von Treppenräumen, die im betriebsbereiten Zustand nicht mit Wasser gefüllt sind und erst im Brandfall durch die angerückte Feuerwehr mit Wasser aus dem Löschwasserbehälter eines Löschfahrzeuges oder aus einem Hydranten gefüllt und unter Druck gesetzt werden. Hierzu befinden sich außerhalb der Gebäude, zum Beispiel in der Nähe der Gebäudeeingänge, entsprechende Einspeiseeinrichtungen. Für die Entnahme von Löschwasser sind dann Entnahmeeinrichtungen – in der Regel in jedem Geschoss der Gebäude – zum Anschluss der von den vorgehenden Trupps der Feuerwehr mitgeführten C-Druckschläuche vorgesehen.

Die Löschwasseranlagen „trocken" sind für die ausschließliche Verwendung durch die Feuerwehr vorgesehen. Um Missbrauch durch unbefugtes Öffnen und mutwillige Beschädigungen zu verhindern, sind die Armaturen der Einspeise- und Entnahmeeinrichtungen so gestaltet, dass ihre Inbetriebnahme (Öffnen/Schließen) auch nur mit einem Hilfsmittel der Feuerwehr erfolgen kann.

Die Türe zu den Schutzschränken und die Armaturen werden deshalb über spezielle Verschlusseinrichtungen („Feuerwehrschloss") geöffnet oder geschlossen. Diese Verschlusseinrichtungen sind mit der Hebelschneide (Spitze) eines Feuerwehrbeils oder mit einem Hydrantenschlüssel zu bedienen.

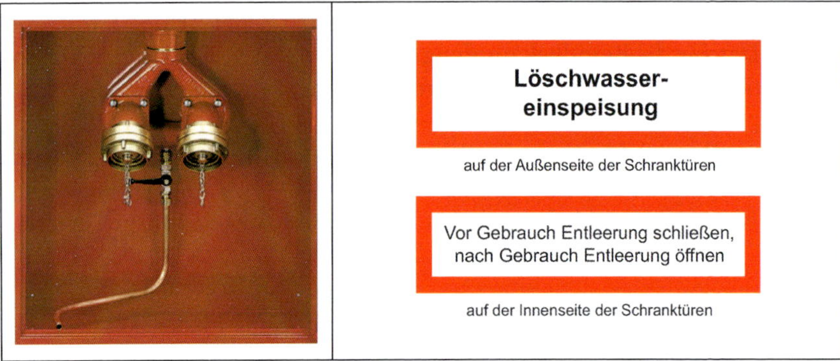

Abbildung 24: Einspeiseeinrichtung mit Schutzschrank (geöffnet) und notwendiger Kennzeichnung (Quelle: Gloria GmbH, Wadersloh)

Abbildung 25: Entnahmeeinrichtung mit Schutzschrank (geöffnet) und notwendiger Kennzeichnung (Quelle: Gloria GmbH, Wadersloh)

4.5.2 Löschwasseranlagen „nass“

Löschwasseranlagen „nass“ sind an örtliche Trinkwasser-Installationen angeschlossene Anlagen, bestehend aus festverlegten Rohrleitungen, einer Löschwasserübergabestelle als Schnittstelle zwischen der Trinkwasser-Installation und der Löschwasseranlage sowie angeschlossenen Wandhydranten, die im betriebsbereiten Zustand ständig mit Wasser gefüllt sind und unter Druck stehen. Die Wandhydranten können je nach Ausführung durch ungeübte und/oder unterwiesene Personen und auch durch die Feuerwehr für die Brandbekämpfung eingesetzt werden.

4.5.3 Löschwasseranlagen „nass/trocken“

Löschwasseranlagen „nass/trocken“ sind Anlagen, bestehend aus festverlegten Rohrleitungen und angeschlossenen Wandhydranten, die im betriebsbereiten Zustand nicht ständig mit Wasser gefüllt sind. Sie werden erst im Bedarfsfall (zur Brandbekämpfung) über eine fernbetätigte Füll- und Entleerungsstation mit einer gewissen zeitlichen Verzögerung mit Wasser aus der örtlichen Trinkwasser-Installation gefüllt und unter Druck gesetzt. Die Auslösung der Füll- und Entleerungsstation erfolgt über einen Kontakt am Niederschraubventil eines angeschlossenen Wandhydranten.

4.5.4 Wandhydranten

Wandhydranten sind absperrbare Schlauchanschlusseinrichtungen, die eine stetige Löschwasserzufuhr für die Brandbekämpfung bereitstellen. Wandhydranten bestehen im Wesentlichen aus einem Schutzschrank, einer Schlauchhaltevorrichtung, einem handbetätigten Schlauchanschlussventil, einem ständig betriebsbereit angekuppelten formstabilen Schlauch oder einem Flachschlauch und einem absperrbaren Strahlrohr. Sie sind vorrangig für erste Löschmaßnahmen durch Personen vorgesehen. Die einfache Bedienbarkeit soll es den Personen, die innerhalb eines Gebäudes anwesend sind, ermöglichen, einen entstandenen Brand bis zum Eintreffen der alarmierten Feuerwehr schnell und wirksam zu bekämpfen.

Wandhydranten können mit einer oder mehreren Brandschutzeinrichtungen kombiniert werden, zum Beispiel mit Handfeuermeldern, tragbaren Feuerlöschern oder Schaumausrüstungen.

■ Wandhydranten mit formstabilen Schläuchen

Diese Wandhydranten sind vorwiegend für die Selbsthilfe im Brandfall vorgesehen. Die formstabilen Schläuche ermöglichen dabei ein einfaches Abrollen der Schläuche von der Schlauchhaspel und die Wasserabgabe auch bei einem nur teilweise – bis zur jeweils benötigten Länge – abgezogenen Schlauch, ohne dass dafür spezielle Fachkenntnisse erforderlich sind. Grundsätzlich werden Wandhydranten mit formstabilen Schläuchen in die Typen S (= Selbsthilfe) und F (= Feuerwehr) untergliedert.

Die **Wandhydranten Typ S** ermöglichen ungeübten Personen, zum Beispiel anwesenden Bewohnern innerhalb eines Gebäudes oder anwesenden Mitarbeitern in einem Betrieb, die Einleitung von Brandbekämpfungsmaßnahmen, ähnlich der Anwendung tragbarer Feuerlöscher. Aufgrund ihrer geringen Wasserlieferung sind diese Wandhydranten für den Einsatz der Feuerwehr nicht geeignet und auch nicht vorgesehen; der Anschluss von Druckschläuchen der Feuerwehr ist ebenfalls nicht möglich. Sind in einem Gebäude Wandhydranten Typ S installiert, muss die Feuerwehr zur Brandbekämpfung somit eigene Schlauchleitungen in den betroffenen Bereich verlegen.

Die **Wandhydranten Typ F** sind für den Einsatz der Feuerwehr geeignet und auch vorgesehen. Diese Wandhydranten ermöglichen aber auch ungeübten Personen, zum Beispiel Bewohnern eines Gebäudes oder Mitarbeitern eines Betriebes, die Einleitung von Brandbekämpfungsmaßnahmen. Die Einsatzkräfte der Feuerwehr können über den formstabilen Schlauch und das Strahlrohr des Wandhydranten unmittelbar eine Brandbekämpfung im betroffenen Bereich vornehmen beziehungsweise eine bereits eingeleitete Brandbekämpfung fortführen oder den formstabilen Schlauch abkuppeln und für die Brandbekämpfung ihre mitgeführten C-Schlauchleitungen an das Schlauchanschlussventil des Wandhydranten ankuppeln.

Abbildung 26:
Wandhydrant mit formstabilem Schlauch Typ S
(Quelle: Gloria GmbH, Wadersloh)

Abbildung 27:
Wandhydrant mit formstabilem Schlauch Typ F
(Quelle: Gloria GmbH, Wadersloh)

Abbildung 28:
Wandhydrant mit Flachschlauch (Quelle: Gloria GmbH, Wadersloh)

■ Wandhydranten mit Flachschlauch

Die Wandhydranten mit Flachschlauch sind für den Einsatz der Feuerwehr geeignet und auch vorgesehen. Die Einsatzkräfte der Feuerwehr können über den Flachschlauch und das Strahlrohr des Wandhydranten eine unmittelbare Brandbekämpfung im betroffenen Bereich vornehmen. Wandhydranten mit Flachschläuchen ermöglichen aber auch unterwiesenen Personen, zum Beispiel Mitarbeitern in einem Betrieb, die Einleitung erster Brandbekämpfungsmaßnahmen. Eine Unterweisung hierfür ist notwendig, da bei der Benutzung dieser Wandhydranten beachtet werden muss, dass der Flachschlauch vor dem Öffnen des Schlauchanschlussventils vollständig aus der Schlauchhaltevorrichtung herausgezogen und knickfrei ausgelegt werden muss. Ein Öffnen des Schlauchanschlussventils vor dem vollständigen Auslegen des Flachschlauchs kann zu einer Gefährdung der nutzenden Personen und zur Verhinderung der Brandbekämpfungsmaßnahmen führen.

■ Kennzeichnung der Wandhydranten

Wandhydranten sind mit Hinweisschildern zu kennzeichnen, die auf der Außenseite der Tür des Schutzschrankes anzubringen sind. Zur Unterscheidung der Ausführung der Wandhydranten mit formstabilen Schläuchen sind die Sicherheitszeichen durch den Zusatz „Wandhydrant Typ S“ beziehungsweise „Wandhydrant Typ F“ zu ergänzen.

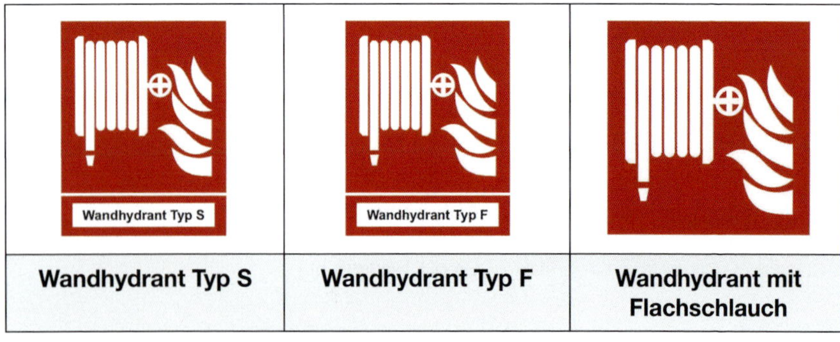

Abbildung 29: Kennzeichnung von Wandhydranten

In den Schutzschränken der Wandhydranten sind an gut sichtbaren Stellen, zum Beispiel auf den Innenseiten der Türen, Hinweisschilder mit der Bedienungsanleitung anzubringen, die – je nach Art der Wandhydranten – einen der in den folgenden Abbildungen aufgeführten Texte enthalten. Bei Wandhydranten, die an Löschwasseranlagen „nass/trocken" angeschlossen sind, ist im Schrankinneren neben dem Schlauchanschlussventil zusätzlich ein Hinweisschild anzubringen, das auf die verzögerte Wasserbereitstellung hinweist.

Im Brandfall:

1. Ventil mit Handrad linksdrehend öffnen.
2. Strahlrohr herausnehmen und Schlauch – soweit erforderlich – abziehen.
3. Vorsicht bei Anwendung in elektrischen Anlagen, nur bis 1.000 V; Mindestenabstand 3 m.
4. Nach Gebrauch Ventil mit Handrad rechtsdrehend schließen.

Abbildung 30:
Bedienungsanleitungen für Wandhydranten mit formstabilem Schlauch

Im Brandfall:

1. Strahlrohr herausnehmen und Schlauch vollständig abziehen und knickfrei auslegen.
2. Ventil mit Handrad linksdrehend öffnen.
3. Vorsicht bei Anwendung in elektrischen Anlagen! Nur bis 1.000 V; Mindestenabstand 5 m.
4. Nach Gebrauch Ventil mit Handrad rechtsdrehend schließen und umgehende Instandhaltung des Wandhydranten veranlassen.

Abbildung 31:
Bedienungsanleitungen für Wandhydranten mit Flachschlauch

Wasser kommt nach maximal 60 Sekunden

Abbildung 32:
Hinweisschild für Wandhydranten mit Anschluss an eine Löschwasseranlage „nass/trocken"

4.6 Feuerlöscher

Wird in der Entstehungsphase eines Brandes unverzüglich in das Brandgeschehen eingegriffen und ein geeigneter Feuerlöscher eingesetzt, kann der Brand oftmals mit geringen Mitteln gelöscht oder zumindest der Ausbreitung des Brandes entgegengewirkt werden. Da die Feuerwehren nicht sofort nach der Entstehung eines Brandes zur Stelle sein können, ist es für die wirksame Bekämpfung eines Entstehungsbrandes erforderlich, dass Feuerlöscher in ausreichender Anzahl und Größe und mit geeignetem Löschmittel zur Verfügung stehen. Diese können auch von wenig geübten und in der Brandbekämpfung unerfahrenen Personen eingesetzt werden.

Ein Entstehungsbrand ist ein Brand mit so geringer Rauch- und Wärmeentwicklung, dass eine gefahrlose Annäherung von Personen bei freier Sicht auf den Brandherd möglich ist.

Ob in einem Gebäude Feuerlöscher vorgehalten werden müssen, ist aus entsprechenden Rechtsvorschriften zu entnehmen. Im privaten Bereich sind üblicherweise keine Vorschriften zur Anbringung von Feuerlöschern zu beachten, sofern keine besonderen Nutzungen, zum Beispiel größere Heizungsanlagen, vorhanden sind. Im gewerblichen, industriellen oder öffentlichen Bereich wird im Rahmen des Vorbeugenden Brandschutzes mehr oder weniger detailliert die Anbringung von Feuerlöschern in Gebäuden und baulichen Anlagen besonderer Art und Nutzung gefordert. Darüber hinaus sind auch die für den Bereich des Arbeitsschutzes aufgestellten Regeln und Vorschriften zu beachten, in denen auch Maßnahmen zur Verhütung von Brandgefahren oder die Bekämpfung von Entstehungsbränden verbindlich festgelegt sind. So heißt es in der Technischen Regel für Arbeitsstätten ASR A2.2 „Maßnahmen gegen Brände“ unter anderem:

Der Arbeitgeber hat Feuerlöscheinrichtungen nach Art und Umfang der Brandgefährdung und der Größe des zu schützenden Bereiches in ausreichender Anzahl bereitzustellen. ... Feuerlöscheinrichtungen im Sinne dieser Regel sind tragbare oder fahrbare Feuerlöscher, Wandhydranten und weitere handbetriebene Geräte zur Bekämpfung von Entstehungsbränden.

4.6.1 Ausführungen der Feuerlöscher

Feuerlöscher sind tragbare oder fahrbare Geräte, die ein Löschmittel enthalten, das durch einen mit Treibgas erzeugten Innendruck ausgestoßen wird und somit den Löschvorgang bewirkt. Sie sind so gestaltet, dass sie bei sachgemäßer Handhabung eine wirksame Brandbekämpfung gewährleisten.

- **Tragbare Feuerlöscher** haben im betriebsbereiten Zustand eine Masse von maximal 20 Kilogramm und können getragen und von Hand bedient werden. Sie sind für die Bekämpfung von Entstehungsbränden geeignet und können auch von wenig geübten und in der Brandbekämpfung unerfahrenen Personen zum Löschen eingesetzt werden.
- **Fahrbare Feuerlöscher** haben im betriebsbereiten Zustand eine Gesamtmasse von mehr als 20 Kilogramm, werden auf Rädern bewegt und ebenfalls von Hand bedient. Auf Grund ihrer Größe werden sie nur in Bereichen (Industrie, Kraftfahrzeuganlagen, ...) verwendet, in denen es darauf ankommt, schon in der Entstehungsphase eines Brandes eine größere Löschmittelmenge zur Brandbekämpfung einzusetzen.

Abbildung 33: Beispiele für Feuerlöscher (Quelle: Feuerschutz Jockel GmbH & Co. KG, Remscheid)

■ Löschmittel

Da es kaum möglich ist, mit nur einem Löschmittel alle möglichen Arten von Bränden sicher zu löschen, werden Feuerlöscher mit unterschiedlichen Löschmitteln bereitgehalten, die in Abhängigkeit von der jeweiligen Brandklasse eingesetzt werden. Genormte Feuerlöscher werden nach der Art der enthaltenen Löschmittel benannt und unterschieden in:

- Feuerlöscher mit wässrigem Löschmittel
- Schaum-Feuerlöscher
- Pulver-Feuerlöscher
- Kohlendioxid-Feuerlöscher

■ Füllmengen

Als Füllmenge gilt die in einem Feuerlöscher enthaltene Menge an Löschmittel, angegeben als Volumen (in Liter) oder als Masse (in Kilogramm). Die Nennfüllmengen der genormten Feuerlöscher sind wie folgt festgelegt:

Tabelle 7: Nennfüllmengen der tragbaren Feuerlöscher

<table>
<tr><th>Feuerlöscher mit wässrigem Löschmittel</th><th>Schaum-Feuerlöscher</th><th>Pulver-Feuerlöscher</th><th>Kohlendioxid-Feuerlöscher</th></tr>
<tr><td colspan="2">–</td><td>1 kg</td><td>–</td></tr>
<tr><td colspan="2">2 L</td><td>2 kg</td><td>2 kg</td></tr>
<tr><td colspan="2">3 L</td><td>3 kg</td><td>–</td></tr>
<tr><td colspan="2">–</td><td>4 kg</td><td>–</td></tr>
<tr><td colspan="2">–</td><td>–</td><td>5 kg</td></tr>
<tr><td colspan="2">6 L</td><td>6 kg</td><td>–</td></tr>
<tr><td colspan="2">9 L</td><td>9 kg</td><td>–</td></tr>
<tr><td colspan="2">–</td><td>12 kg</td><td>–</td></tr>
</table>

Tabelle 8: Nennfüllmengen der fahrbaren Feuerlöscher

Feuerlöscher mit wässrigem Löschmittel	Schaum-Feuerlöscher	Pulver-Feuerlöscher	Kohlendioxid-Feuerlöscher
–		–	10 kg
20 L		–	20 kg
25 L		25 kg	–
–		–	30 kg
45 L		–	–
50 L		50 kg	50 kg
90 L		–	–
100 L		100 kg	–
135 L		–	–
150 Liter		150 kg	–

■ Löschvermögen

Für die Einstufung der Feuerlöscher ist nicht die Löschmittel**menge**, sondern das Lösch**vermögen** maßgeblich. Das Löschvermögen beschreibt die Fähigkeit eines Feuerlöschers, ein genormtes Löschobjekt mit einer bestimmten Löschmittelmenge sicher abzulöschen. Feuerlöscher werden im Rahmen ihrer Zulassung an unterschiedlich großen Löschobjekten getestet und nach dem tatsächlichen Löschvermögen eingestuft. Die Einstufung wird durch eine Zahlen-Buchstaben-Kombination angegeben, die im oberen Bereich des Schriftfeldes des Feuerlöschers aufgedruckt ist. In dieser Zahlen-Buchstaben-Kombination bezeichnet die Zahl die Nenngröße des Löschobjektes, der Buchstabe die Brandklasse. Beispiel: 34 A oder 183 B.

Das Löschvermögen der unterschiedlichen Bauarten der Feuerlöscher bezogen auf die jeweilige Brandklasse kann nicht addiert werden. Deshalb wurde als Hilfsgröße die „Löschmitteleinheit (LE)“ eingeführt. Den Feuerlöschern wird dabei in Abhängigkeit von ihrem Löschvermögen eine bestimmte Anzahl von Löschmitteleinheiten zugeordnet.

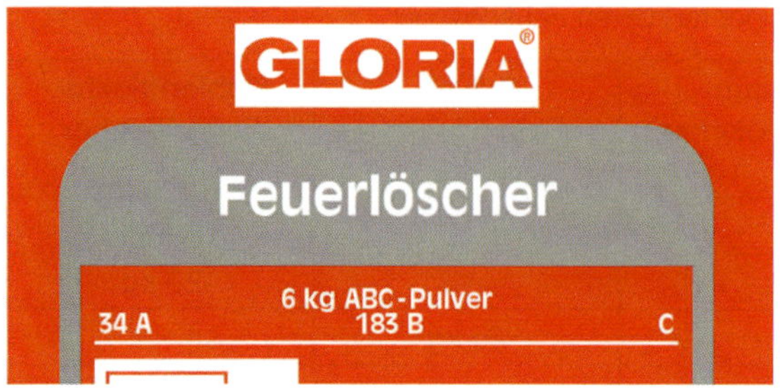

Abbildung 34: Angabe des Löschvermögens auf einem tragbaren Feuerlöscher (Quelle: Gloria GmbH, Wadersloh)

Dies ermöglicht es, die Leistungsfähigkeit der unterschiedlichen Feuerlöscher, die unterschiedlichen Brandklassen zugeordnet sein können, zu vergleichen und zu addieren und so das Gesamtlöschvermögen erforderlicher Feuerlöscher zu ermitteln. Dies ist die Grundlage für die Festlegung der notwendigen Art und Anzahl von Feuerlöschern für ein bestimmtes auszurüstendes Gebäude oder Objekt.

4.6.2 Instandhaltung der Feuerlöscher

Zur Sicherstellung der Funktionsfähigkeit sind die Feuerlöscher regelmäßig, mindestens alle zwei Jahre, einer Instandhaltung zu unterziehen. Bei besonderen Brandrisiken oder starker Beanspruchung der Geräte durch Umwelteinflüsse oder bei mobilem Einsatz können auch kürzere Zeitabstände vorgeschrieben beziehungsweise erforderlich sein. Über die Ergebnisse der Instandhaltung ist ein Nachweis in Form einer Prüfplakette zu führen.

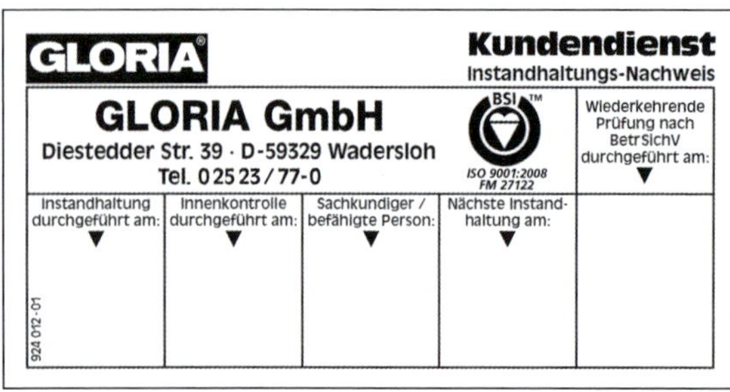

GLORIA®

Kundendienst
Instandhaltungs-Nachweis

GLORIA GmbH
Diestedder Str. 39 · D-59329 Wadersloh
Tel. 0 25 23 / 77-0

BSI™ ISO 9001:2008 FM 27122

Wiederkehrende Prüfung nach BetrSichV durchgeführt am: ▼

Instandhaltung durchgeführt am: ▼	Innenkontrolle durchgeführt am: ▼	Sachkundiger / befähigte Person: ▼	Nächste Instandhaltung am: ▼	

924 012-01

Abbildung 35: Prüfplakette als Instandhaltungsnachweis (Quelle: Gloria GmbH, Wadersloh)

4.7 Selbstkontrolle und Testfragen

(Lösungen siehe Seite 112)

1. Welche Funktionen kann eine Brandmeldeanlage übernehmen?

a) Erkennen von Bränden im Entstehungsstadium
b) Alarmieren von Personen im überwachten Bereich
c) Verhinderung der Brandausbreitung
d) Ansteuerung von Brandschutzeinrichtungen
e) Reduzierung von Brandschäden

2. Welche Bestandteile gehören zu einer Brandmeldeanlage?

a) Automatische und nicht automatische Brandmelder
b) Übertragungseinrichtungen
c) Brandunterzentrale
d) Bauaufsichtlich zugelassene Feststelleinrichtungen
e) Energieversorgung

3. Welche Aussagen über Rauch- und Wärmeabzugsanlagen sind richtig?

a) Sie führen im Brandfall den aufgestauten Rauch und die Wärme ab.
b) Sie verhindern die Entstehung von Wärme und Rauch.
c) Sie werden automatisch oder von Hand ausgelöst.
d) Sie vermeiden in Gebäuden Sichtbehinderungen durch Brandrauch.

4. Welche Aussagen über automatische ortsfeste Löschanlagen sind richtig?

a) Sie sind ständig betriebsbereite technische Anlagen.
b) Sie geben über geeignete Vorrichtungen vorhandenes Löschmittel ab.
c) Sie werden automatisch oder von Hand ausgelöst.
d) Die Auslösung wird an eine ständig besetzte Stelle weitergemeldet.

5. Wie funktioniert eine Sprinkleranlage?

a) Ein an eine Wasserversorgung angeschlossenes Rohrnetz durchzieht die zu schützenden Gebäudeteile.
b) Ein thermischer Sensor löst den verschlossenen Sprinkler durch den aufsteigenden Brandrauch aus.
c) Ein thermischer Sensor löst den verschlossenen Sprinkler durch die aufsteigende Wärme eines Brandes aus.
d) Löschwasser wird in feine Tropfen zerteilt und gleichmäßig über den Brandherd verteilt.

6. In welchen Fällen darf die Feuerwehr eine ausgelöste Sprinkleranlage abschalten?

a) Wenn der Vorratsbehälter für das Löschwasser leer ist.
b) Wenn sicher ist, dass es sich um eine Fehlauslösung handelt und kein Brand vorliegt.
c) Wenn das Feuer durch die Sprinkleranlage tatsächlich restlos abgelöscht wurde.
d) Eine ausgelöste Sprinkleranlage darf nur durch den Betreiber abgeschaltet werden.

7. Welche Bestandteile gehören zu einer Kohlendioxid-Löschanlage?

a) Druckluftbehälter
b) Akustische und optische Warneinrichtungen
c) Rohrnetz mit geschlossenen Löschdüsen
d) Rohrnetz mit offenen Löschdüsen
e) Verzögerungs- und Auslöseeinrichtung

8. Welche Arten von Löschwasseranlagen werden unterschieden?

a) Löschwasseranlagen nass, mit Wandhydranten
b) Löschwasseranlagen nass/trocken, mit Wandhydranten
c) Löschwasseranlagen trocken
d) Löschwasseranlagen trocken, mit Überflurhydranten

5 Organisatorische Brandschutzmaßnahmen

Die organisatorischen Brandschutzmaßnahmen ergänzen und vervollständigen die baulichen und anlagentechnischen Brandschutzmaßnahmen zu einem ganzheitlichen Gefahrenabwehrkonzept. Sie sind notwendig, um die Wirksamkeit aller Brandschutzmaßnahmen sicherzustellen und Brände zu verhüten. Wichtige organisatorische Brandschutzmaßnahmen sind unter anderem die regelmäßige Überwachung des Zustandes und der bestimmungsgemäßen Nutzung von baulichen Anlagen durch die Brandverhütungsschau, die ständige Überwachung der Betriebsbereitschaft und Funktionsfähigkeit von anlagentechnischen Brandschutzmaßnahmen, die Erstellung von Brandschutzordnungen, die Unterweisung von Personen hinsichtlich der Brandverhütung und dem Verhalten im Brandfall sowie die Gestellung von Brandsicherheitswachen durch die Feuerwehr (*siehe hierzu Kapitel* 2.2).

5.1 Brandschutzordnungen

Brandschutzordnungen sind auf bestimmte Objekte zugeschnittene Zusammenfassungen von Verhaltensregeln für den Brandfall und von vorbeugenden betrieblichen Brandschutzmaßnahmen. Sie sind Bestandteil des betrieblichen Brandschutzes und werden zunächst ausschließlich für den internen Gebrauch erstellt. Brandschutzordnungen werden gemäß DIN 14096 in die Ausführungen Teil A, Teil B und Teil C unterteilt, die sich jeweils an unterschiedliche Personengruppen richten.

■ Brandschutzordnung Teil A

Der Teil A einer Brandschutzordnung besteht aus einem Aushang mit standardisiertem Inhalt, auf dem – in Verbindung mit den entsprechenden Sicherheitszeichen – die grundlegenden Verhaltensregeln im Brandfall für alle Personen aufgeführt sind, die sich ständig oder nur vorübergehend in einem Gebäude aufhalten, wie zum Beispiel Bewohner, Beschäftigte, Mitarbeiter von Fremdfirmen, Besucher, Gäste oder Kunden.

Dieser Aushang soll – auf das jeweilige Objekt bezogen – den angesprochenen Personen wichtige Informationen und praktische Hilfestellungen zum richtigen Verhalten im Brandfall und zu den jeweils zu ergreifenden Schutzmaßnahmen geben.

Abbildung 36:
Beispiel für eine Brandschutzordnung Teil A

Die Aushänge müssen innerhalb einer baulichen Anlage, zum Beispiel in Betrieben, Bürogebäuden, Kaufhäusern, Schulen, Krankenhäusern, Versammlungsstätten oder Altenheimen, gut sichtbar an solchen Stellen angebracht sein, an denen die anzusprechenden Personen häufig vorbeigehen oder sich zeitweise aufhalten. Nur so können die Personen diese wichtigen Regelungen auch zur Kenntnis nehmen.

■ Brandschutzordnung Teil B

Der Teil B einer Brandschutzordnung richtet sich an Bewohner, Beschäftigte oder Mitarbeiter von Fremdfirmen eines Objektes, für die keine besonderen Brandschutzaufgaben festgelegt wurden. Im Teil B sind alle wichtigen Sicherheitsregeln zusammengefasst, die von den genannten Personen, die sich nicht nur vorübergehend in einem Gebäude oder Betrieb aufhalten, beachtet werden müssen. Der Teil B sollte dem genannten Personenkreis in jeweils aktueller Ausführung zum Beispiel in Form von Merkblättern oder Broschüren zur Verfügung gestellt werden.

■ Brandschutzordnung Teil C

Der Teil C einer Brandschutzordnung richtet sich an Personen, denen über ihre allgemeinen Tätigkeiten und Pflichten hinaus besondere Aufgaben im Brandschutz übertragen sind, zum Beispiel verantwortliche Geschäftsführer eines Betriebes, Vermieter von Gebäuden, Brandschutzbeauftragte oder Brandschutzhelfer. Im Teil C wird die gesamte brandschutzbezogene Organisationsstruktur dokumentiert und die Anforderungen vorliegender Bau- und Betriebsgenehmigungen und eines gegebenenfalls vorhandenen Brandschutzkonzeptes berücksichtigt. Der Teil C ist durch Planunterlagen, Zeichnungen, funktionsbezogene Merkblätter, Checklisten, Telefon- und Alarmierungslisten und ähnliche Unterlagen zu ergänzen.

Hinweis: Im Einzelfall können die Anhänge die betrieblichen Brandschutzordnung Teil C auch vom Einsatzleiter einer öffentlichen Feuerwehr für die Lagebeurteilung genutzt werden, wenn keine anderen Planunterlagen existieren oder wenn besondere Probleme zu lösen sind.

5.2 Sichern der Flucht- und Rettungswege

Die baulichen Anforderungen an Flucht- und Rettungswege sind in den jeweiligen Bauordnungen der Bundesländer festgelegt. Neben diesen Festlegungen ist für die sichere Benutzung im Gefahrfall durch betroffene Personen von besonderer Bedeutung, dass diese Flucht- und Rettungswege

- ausreichend gekennzeichnet sind,
- kein Feuer und Rauch eindringen kann,
- die Breite nicht durch abgestellte Gegenstände eingeschränkt wird,
- eine ausreichende Beleuchtung installiert ist
- und die Notausgänge nicht verschlossen sind.

Durch entsprechende Informationen, Unterweisungen und Überprüfungen ist sicherzustellen, dass die Flucht- und Rettungswege, zum Beispiel in Betrieben, Bürogebäuden, Kaufhäusern, Schulen, Krankenhäusern, Versammlungsstätten oder Altenheimen, jederzeit bestimmungsgerecht vom vorgesehenen Personenkreis genutzt werden können.

Wenn die Lage, die Ausdehnung und die Art der Nutzung dies erfordern, sind für bauliche Anlagen geeignete Flucht- und Rettungspläne aufzustellen. Dies kann zum Beispiel bei einer unübersichtlicher Flucht- und Rettungswegführung oder bei einem hohen Anteil ortsunkundiger Personen erforderlich sein. Diese Pläne dienen der sicheren Selbstrettung von Personen, die sich ständig oder nur vorübergehend in einem Objekt aufhalten. Sie ermöglichen es diesen Personen, sich schon vor Eintritt eines Gefahrenfalls mit den Fluchtmöglichkeiten im Objekt vertraut zu machen und den Weg zum nächsten sicheren Notausgang oder Treppenraum zu finden.

Flucht- und Rettungspläne müssen Darstellungen über den Gebäudegrundriss oder Teile davon und den Verlauf der Flucht- und Rettungswege enthalten sowie übersichtlich, gut lesbar und farblich unter Verwendung von Sicherheitsfarben und Sicherheitszeichen gestaltet sein. Sie werden ähnlich den Brandschutzordnungen Teil A (Aushang) – oder auch zusammen mit ihnen – an solchen Stellen angebracht sein, an denen die anzusprechenden Personen häufig vorbeigehen oder sich zeitweise aufhalten – in Hotels, Schulen oder Krankenhäusern auch auf der Innenseite von Zimmertüren.

Hinweis: Flucht- und Rettungspläne werden nicht für die Feuerwehr erstellt. Sie können jedoch beim Fehlen geeigneter Feuerwehrpläne oder Feuerwehr-Einsatzpläne vom Einsatzleiter und den Einsatzkräften beim Einsatz in dem Objekt als Orientierungshilfe genutzt werden.

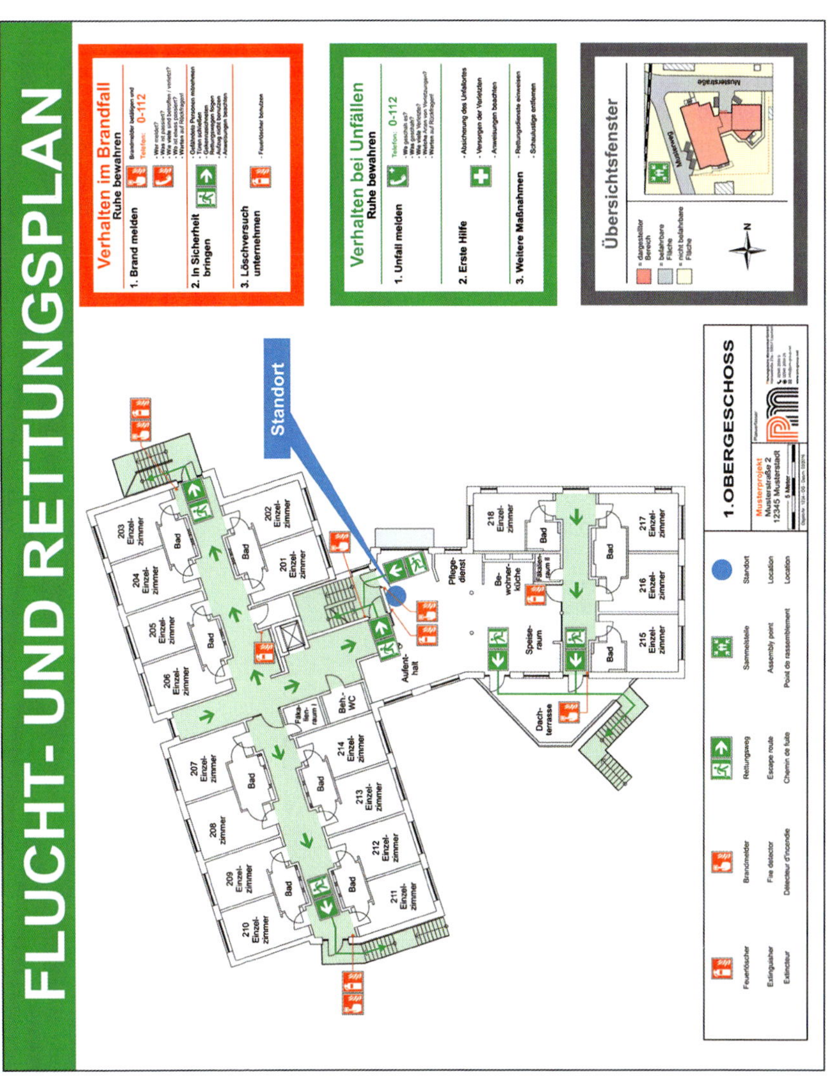

Abbildung 37: Beispiel für einen Flucht- und Rettungsplan (Quelle: PM group, Lippstadt)

5.3 Alarmieren und Räumen

Für das Melden einer Gefahr muss innerhalb bestimmter baulicher Anlagen durch einen Alarmplan geregelt werden, wie und in welcher Form ein Notruf unverzüglich abgesetzt werden muss. Darüber hinaus ist in Objekten, in denen sich eine große Anzahl von Personen aufhalten können, bei entsprechenden Gefahren durch eindeutige Signale einer akustischen Gefahrenmeldeanlage eine Räumung des Gebäudes auszulösen.

Im Falle eines Brandes oder eines sonstigen Notfalls ist es dann erforderlich, dass alle gefährdeten Personen schnellstmöglich den Gefahrenbereich über die nächstgelegenen Fluchtwege verlassen und sich in einen sicheren Bereich und/oder zu entsprechend gekennzeichneten Sammelstellen außerhalb der Gebäude begeben. Dort kann vom Einsatzleiter der angerückten Feuerwehr zum Beispiel abgefragt oder ermittelt werden, ob alle Personen das betroffene Gebäude verlassen haben oder ob und gegebenenfalls auch wie viele Personen noch im Gebäude vermisst werden.

Abbildung 38: Kennzeichnung einer Sammelstelle an einem Verwaltungsgebäude (Quelle: Sebastian Stenzel, Feuerwehrforum Wiesbaden112.de)

5.4 Sicherheitszeichen

Sicherheitszeichen ermöglichen durch eine Kombination von festgelegten geometrischen Formen, Farben und graphischen Symbolen eine bestimmte fest umrissene Sicherheitsaussage. Sie sollen bei ihrer Verwendung gut erkennbar und leicht verständlich sein. Dabei kann die Kennzeichnung aus einem oder mehreren Sicherheitszeichen bestehen. Sicherheitszeichen sind bei Gefährdungen von Personen anzuwenden und sollen schnell und unmissverständlich die Aufmerksamkeit auf Gegenstände und Sachverhalte lenken, die Gefahren verursachen können. Sie werden für ständige Verbote, Warnungen, Gebote und Hinweise in öffentlichen Bereichen, an Arbeitsplätzen in Industrie, Handwerk, Handel und im Dienstleistungsbereich, auf innerbetrieblichen Verkehrs- und Rettungswegen, an Anlagen, Maschinen oder Betriebsmitteln, in Gebrauchsanweisungen und Sicherheitsanleitungen sowie auf Flucht- und Rettungsplänen verwendet.

Hinsichtlich ihrer Sicherheitsaussagen werden die Sicherheitszeichen in folgende Ausführungen unterteilt:

- Verbotszeichen
- Warnzeichen
- Gebotszeichen
- Rettungszeichen
- Brandschutzzeichen

Die Technische Regel für Arbeitsstätten ASR A1.3 „Sicherheits- und Gesundheitsschutzkennzeichnung" regelt im Rahmen des Anwendungsbereiches die Gestaltung der Sicherheitszeichen. Hinsichtlich der graphischen und farblichen Gestaltung wird sowohl auf die DIN 4844-2 als auch auf die DIN EN ISO 7010 zurückgegriffen.

Hinweis: Die nachfolgend beispielhaft aufgeführten Sicherheitszeichen sind für die Einsatzkräfte der Feuerwehr im Rahmen ihrer Einsatztätigkeiten von Bedeutung.

5.4.1 Verbotszeichen

Verbotszeichen sind Sicherheitszeichen, mit denen ein bestimmtes Verhalten, durch das eine Gefahr oder Gefährdung entstehen kann, untersagt wird. Als Symbol für die bestehende Gefährdung werden Zeichen verwendet, die auf den verbotenen Gegenstand oder die verbotene Handlung hinweisen.

Tabelle 9: Beispiele für Verbotszeichen

Abbildung	Bedeutung
	Rauchen verboten Zur Kennzeichnung von Bereichen, in denen durch angezündete Zigaretten und andere Tabakwaren ein Brand, eine Explosion oder eine Gefährdung durch Rauch verursacht werden kann.
	Keine offene Flamme; Feuer, offene Zündquelle und Rauchen verboten Zur Kennzeichnung von Bereichen, in denen durch Rauchen und alle Formen von offenen Flammen und Zündquellen ein Brand oder eine Explosion verursacht werden kann.
	Mit Wasser löschen verboten Zur Kennzeichnung von Bereichen, in denen es zu gefährlichen Reaktionen zwischen dem Wasser und der brennenden Substanz kommen kann.
	Eingeschaltete Mobiltelefone verboten Zur Kennzeichnung von Bereichen, in denen die Strahlung von Mobiltelefonen und Funksprechgeräten (auch die der Feuerwehr!) zu elektronischen Störungen führen kann.
	Aufzug im Brandfall nicht benutzen Zur Kennzeichnung von Aufzügen, in denen Personen im Brandfall eingeschlossen werden könnten.

Tabelle 9: Beispiele für Verbotszeichen *(Fortsetzung)*

Abbildung	Bedeutung
	Schalten verboten Zur Kennzeichnung von Maschinen oder Einrichtungen, an denen keine Veränderung des derzeitigen Energiezustandes oder der maschinellen Stellung durchgeführt werden darf.
	Zutritt für Unbefugte verboten Zur Kennzeichnung unsicherer Bereiche, die von nicht unterwiesenen Personen nicht betreten werden dürfen.
	Berühren verboten – Gehäuse unter Spannung Zur Kennzeichnung von elektrischen Betriebsmitteln, bei denen gefährliche elektrische Spannung am Gehäuse anliegen kann.
	Betreten verboten Zur Kennzeichnung von Bereichen und Anlagen, auf denen Gewichtsbelastungen zum Durchstürzen führen können.
	Laufen lassen von Verbrennungsmotoren verboten Zur Kennzeichnung von Bereichen und Anlagen, in denen keine schädlichen Verbrennungsabgase eintreten dürfen.
	Betreten der Gleisanlage verboten Zur Kennzeichnung von Bereichen mit Gleisanlagen, bei denen Personen durch Schienenfahrzeuge gefährdet werden können.

5.4.2 Warnzeichen

Warnzeichen sind Sicherheitszeichen, die vor einer Gefahr warnen sollen. Als Symbol für die bestehende Gefahr werden Zeichen verwendet, die auf den gefährlichen Zustand hinweisen.

Tabelle 10: Beispiele für Warnzeichen

Abbildung	Bedeutung
	Warnung vor einer Gefahrstelle Zur Kennzeichnung, dass die durch das Zusatzzeichen vermittelte Gefahr für Personen zu beachten ist. Dieses Zeichen darf nur in Verbindung mit einem Zusatzzeichen angewendet werden, das Aussagen über die Gefahr macht.
	Warnung vor explosionsgefährlichen Stoffen Zur Kennzeichnung von Bereichen und Anlagen, in denen sich explosionsgefährdete Stoffe befinden und in denen Vorsicht beim Umgang mit explosionsgefährdeten Stoffen angebracht ist.
	Warnung vor radioaktiven Stoffen oder ionisierenden Strahlen Zur Kennzeichnung von Kontrollbereichen oder Sperrbereichen, in denen radioaktive Stoffe oder ionisierende Strahlung auftreten können.
	Warnung vor nicht ionisierender Strahlung Zur Kennzeichnung von Geräten, Bereichen und Anlagen, in denen nicht ionisierende Strahlung auftreten kann.
	Warnung vor magnetischem Feld Zur Kennzeichnung von Geräten, Bereichen und Anlagen, in denen starke magnetische Felder vorhanden sein können.

Tabelle 10: Beispiele für Warnzeichen *(Fortsetzung)*

Abbildung	Bedeutung
	**Warnung vor Hindernissen am Boden** Zur Kennzeichnung von Flächen und Verkehrswegen, auf denen Vorsicht in der Nähe von Hindernissen auf dem Boden angebracht ist.
	**Warnung vor Absturzgefahr** Zur Kennzeichnung von Bereichen und Anlagen, bei denen Geländer zum Personenschutz nicht eingesetzt werden können und in denen Vorsicht in der Nähe von Absturzkanten angebracht ist.
	**Warnung vor Biogefährdung** Zur Kennzeichnung von Geräten, Bereichen und Anlagen, in denen eine Biogefährdung durch Bakterien, Viren, Pilze oder Parasiten auftreten kann.
	**Warnung vor elektrischer Spannung** Zur Kennzeichnung von elektrischen Betriebsmitteln, Anlagen und anderen elektrischen Gefahrenstellen mit Spannungen über 1.000 Volt, in denen man mit elektrischer Spannung in Berührung kommen kann.
	**Warnung vor giftigen Stoffen** Zur Kennzeichnung von Räumen, Bereichen und Anlagen, in denen giftige Stoffe vorhanden sind.
	**Warnung vor heißer Oberfläche** Zur Kennzeichnung von Maschinenteilen, Behältern oder Werkstoffen, bei denen man mit heißen Oberflächen in Berührung kommen kann.

Tabelle 10: Beispiele für Warnzeichen *(Fortsetzung)*

Abbildung	Bedeutung
	**Warnung vor automatischem Anlauf** Zur Kennzeichnung von Bereichen und Anlagen, die sich automatisch und unerwartet in Bewegung setzen können und in denen Vorsicht in der Nähe von Maschinen und mechanischen Teilen angebracht ist.
	**Warnung vor feuergefährlichen Stoffen** Zur Kennzeichnung von Bereichen und Anlagen, in denen durch das Entzünden feuergefährlicher Stoffe ein Brand entstehen kann.
	**Warnung vor ätzenden Stoffen** Zur Kennzeichnung von Bereichen und Anlagen, in denen sich Säuren, Laugen und ähnliche Stoffe befinden und in denen Vorsicht beim Umgang mit diesen Stoffen angebracht ist.
	**Warnung vor Gefahren durch das Aufladen von Batterien** Zur Kennzeichnung von Bereichen und Anlagen, in denen für eine ausreichende Belüftung des Ladebereiches gesorgt werden muss, und in denen man mit Säuren in Berührung kommen kann.
	**Warnung vor optischer Strahlung** Zur Kennzeichnung von Bereichen, in denen die Augen und die Haut in der Nähe optischer Strahlung, zum Beispiel Ultraviolett-Strahlung, sichtbare Strahlung oder Infrarot-Strahlung, geschädigt werden können.
	**Warnung vor brandfördernden Stoffen** Zur Kennzeichnung von Bereichen und Anlagen, in denen sich brandfördernde Stoffe befinden und in denen zur Vermeidung von Bränden Vorsicht beim Umgang mit diesen Stoffen angebracht ist.

Tabelle 10: Beispiele für Warnzeichen *(Fortsetzung)*

Abbildung	Bedeutung
	**Warnung vor Gasflaschen** Zur Kennzeichnung von Bereichen und Anlagen, in denen sich Druckgasflaschen befinden, die vor Wärme oder Umstoßen geschützt werden müssen, damit diese nicht zerbersten.
	**Warnung vor explosionsfähiger Atmosphäre** Zur Kennzeichnung von Bereichen und Anlagen, in denen explosionsfähige Atmosphären, zum Beispiel durch brennbare Flüssigkeiten, Gase oder Stäube, auftreten können.
	**Warnung vor gesundheitsschädlichen oder reizenden Stoffen** Zur Kennzeichnung von Bereichen und Anlagen, in denen sich Stoffe befinden, die die Gesundheit schädigen oder die Schleimhäute reizen können.
	**Warnung vor heißen Flüssigkeiten und Dämpfen** Zur Kennzeichnung von Bereichen und Anlagen, in denen Verletzungen durch Verbrühungen auftreten können.
	**Warnung vor Treppe** Zur Kennzeichnung von Treppen, die nicht unmittelbar einzusehen sind.
	**Warnung vor Gefahren durch eine Förderanlage am Gleis** Zur Kennzeichnung von Quetsch- und Einzugsstellen im Bereich von Gleisanlagen.

5.4.3 Gebotszeichen

Gebotszeichen sind Sicherheitszeichen, die ein bestimmtes Verhalten verbindlich vorschreiben. Als Symbol für die Vorschrift werden Zeichen verwendet, die auf das verbindliche Verhalten hinweisen.

Tabelle 11: Beispiele für Gebotszeichen

Abbildung	Bedeutung
	Gehörschutz benutzen Zur Kennzeichnung von Bereichen und Anlagen, in denen aufgrund hoher Schallpegel (Lärmbereich) Gefahren einer Lärmschwerhörigkeit bestehen.
	Augenschutz benutzen Zur Kennzeichnung von Bereichen und Anlagen, in denen Gefahren von Augenverletzungen durch fliegende Teile oder Partikel bestehen.
	Handschutz benutzen Zur Kennzeichnung von Bereichen und Anlagen, in denen Gefahren von Handverletzungen durch scharfe oder spitze Gegenstände oder durch Kontakt mit heißen oder chemischen Materialien bestehen.
	Kopfschutz benutzen Zur Kennzeichnung von Bereichen und Anlagen, in denen Gefahren von Kopfverletzungen durch herabfallende Gegenstände oder durch Anstoßen des Kopfes an Hindernisse bestehen.
	Atemschutz benutzen Zur Kennzeichnung von Bereichen und Anlagen, in denen gefährliche Stoffe in der Luft, zum Beispiel giftige Gase, auftreten können.

Tabelle 11: Beispiele für Gebotszeichen *(Fortsetzung)*

Abbildung	Bedeutung
	Auffanggurt benutzen Zur Kennzeichnung von Bereichen und Anlagen mit hochgelegenen Arbeitsplätzen ohne ausreichende Geländer, in denen die Gefahr eines Absturzes besteht.
	Vor Wartung oder Reparatur freischalten Zur Kennzeichnung von Maschinen und Einrichtungen, an denen vor einer Wartung oder Reparatur jegliche Energiequellen (mechanisch, elektrisch, hydraulisch, ...) freizuschalten sind.
	Rettungsweste benutzen Zur Kennzeichnung von Bereichen am, auf und über dem Wasser, in denen die Gefahr durch Ertrinken besteht.
	Netzstecker ziehen Zur Kennzeichnung vor Gefahren durch einen Stromschlag oder Brand, bei einer Wartung, einer Fehlfunktion oder wenn das Gerät unbeaufsichtigt ist.
	Anleitung beachten Zur Kennzeichnung der Gewährleistung einer sicheren Funktion vor Beginn der Arbeit und/oder dem Bedienen von Geräten oder Maschinen.
	Maske benutzen Zur Kennzeichnung von Bereichen und Anlagen, in denen Gefahren durch verunreinigte Luft, zum Beispiel durch staubhaltige Atmosphären, bestehen.

5.4.4 Rettungszeichen

Rettungszeichen sind Sicherheitszeichen für die Kennzeichnung von vorhandenen Flucht- und Rettungswegen, Notausgängen und Rettungsmitteln sowie zur Kennzeichnung des Weges zu Erste-Hilfe-Einrichtungen.

Tabelle 12: Beispiele für Rettungszeichen

Abbildung	Bedeutung
	Richtungspfeil für Rettungszeichen sowie für Mittel und Einrichtungen zur Ersten Hilfe Nur in Verbindung mit einem Rettungszeichen, zu dem er den Weg weisen soll. Auch mit Pfeil nach oben, nach unten und nach links.
	Richtungspfeil für Rettungszeichen sowie für Mittel und Einrichtungen zur Ersten Hilfe Nur in Verbindung mit einem Rettungszeichen, zu dem er den Weg weisen soll. Auch mit Pfeil nach oben links, nach oben rechts, nach unten links.
	Rettungsweg/Notausgang Zur Kennzeichnung des Fluchtweges, der zu einem sicheren Ort führt, der für eine Evakuierung im Notfall vorgesehen ist. Das Zeichen nur in Verbindung mit Richtungspfeil verwenden.
	Notausstieg mit Fluchtleiter Zur Kennzeichnung des Ortes, an dem sich ein Notausstieg befindet, an dem eine Fluchtleiter dauerhaft angebracht ist.
	Rettungsausstieg Zur Kennzeichnung des Ortes, an dem sich ein Rettungsausstieg befindet, von dem aus Personen bei einer Rettung durch Einsatzkräfte (der Feuerwehr) über eine Leiter gerettet werden können. Das Zeichen ist innerhalb von Gebäuden anzubringen.

Tabelle 12: Beispiele für Rettungszeichen *(Fortsetzung)*

Abbildung	Bedeutung
	**Sammelstelle** Zur Kennzeichnung des Ortes, an dem sich eine Sammelstelle in einem sicheren Bereich befindet, die nach der Räumung eines Gebäudes oder Geländes aufzusuchen ist.
	**Erste Hilfe** Zur Kennzeichnung des Ortes, an dem sich für den Fall einer Verletzung oder eines Notfalls Erste-Hilfe-Ausrüstungen, -Einrichtungen oder -Personal befinden.
	**Arzt** Zur Kennzeichnung des Aufenthaltsortes, an dem sich ein Notfall-Arzt befindet.
	**Automatischer externer Defibrillator (AED)** Zur Kennzeichnung des Aufbewahrungsortes, an dem sich ein automatischer externer Defibrillator befindet, der durch Ersthelfer eingesetzt werden kann.
	**Augenspüleinrichtung** Zur Kennzeichnung des Ortes, an dem sich eine Augenspüleinrichtung befindet – in der Regel in Bereichen und Anlagen, in denen mit Augenverätzungen gerechnet werden muss.
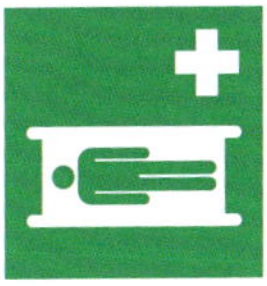	**Krankentrage** Zur Kennzeichnung des Aufbewahrungsortes, an dem sich Krankentragen und andere Rettungstransportmittel befinden.

5.4.5 Brandschutzzeichen

Brandschutzzeichen sind Sicherheitszeichen für die Kennzeichnung von Standorten von Feuermelde- und Feuerlöscheinrichtungen. Sie sollen die Maßnahmen zur Bekämpfung von Entstehungsbränden unterstützen und dabei neben Informationen auch Richtungshinweise geben.

Tabelle 13: Beispiele für Brandschutzzeichen

Abbildung	Bedeutung
	**Richtungspfeil für Brandschutzzeichen** Nur in Verbindung mit einem Brandschutzzeichen für eine Brandschutzeinrichtung, zu der er den Weg weisen soll. Auch mit Pfeil nach oben, nach unten und nach links.
	**Richtungspfeil für Brandschutzzeichen** Nur in Verbindung mit einem Brandschutzzeichen für eine Brandschutzeinrichtung, zu der er den Weg weisen soll. Auch mit Pfeil nach oben links, nach oben rechts, nach unten links.
	**Feuerlöscher** Zur Kennzeichnung des Ortes, an dem sich ein Feuerlöscher befindet.
	**Löschschlauch** Zur Kennzeichnung des Ortes, an dem sich ein Löschschlauch (Wandhydrant) befindet.
	**Feuerleiter** Zur Kennzeichnung des Ortes, an dem sich eine Leiter befindet, die nur für die Brandbekämpfung eingesetzt werden soll.

Tabelle 13: Beispiele für Brandschutzzeichen *(Fortsetzung)*

Abbildung	Bedeutung
	Mittel und Geräte zur Brandbekämpfung Zur Kennzeichnung des Ortes, an dem sich spezielle Mittel und Geräte zur Brandbekämpfung, zum Beispiel Löschdecken oder Löschsand befinden. Der Feuerwehrhelm darf durch einen anderen, landestypischen Feuerwehrhelm ersetzt werden!
	Brandmelder Zur Kennzeichnung des Anbringungsortes, an dem sich ein Brandmelder befindet, mit dem durch die Betätigung eines Druckknopfes ein Brand manuell gemeldet werden kann.
	Brandmeldetelefon Zur Kennzeichnung des Ortes, an dem sich ein Brandmeldetelefon befindet, mit dem ein Brand fernmündlich gemeldet werden kann.

5.4.6 Kennzeichnung von Rohrleitungen

Nicht erdverlegte Rohrleitungen in öffentlichen Bereichen, an Arbeitsplätzen in Industrie, Handwerk, Handel oder im Dienstleistungsbereich sind mit einer deutlich erkennbaren und dauerhaften Kennzeichnung zu versehen. Diese Kennzeichnung soll auf Gefahren hinweisen, die bei Arbeiten an derartigen Rohrleitungen und deren Armaturen oder bei Beschädigungen der Leitungen zu gesundheitlichen Schäden und Verletzungen oder sonstigen Schäden führen können. Die Art und Weise der Kennzeichnung von Rohrleitungen nach dem Durchflussstoff ist in der DIN 2403 geregelt. Gemäß dieser Norm werden die Rohrleitungen deutlich sichtbar und dauerhaft durch farbliche und textliche Markierungen gekennzeichnet. Die in Rohrleitungen beförderten Durchflussstoffe werden entsprechend ihrer Eigenschaften in zehn Gruppen eingeteilt, denen jeweils eine bestimmte Gruppenfarbe und gegebenenfalls eine Zusatzfarbe zugeordnet wird.

Tabelle 14: Rohrkennzeichnung gemäß DIN 2403

Gruppenfarbe	Zusatzfarbe	Beispiele
signalgrün RAL 6032	–	**Wasser** Trinkwasser, Rohwasser, Brauchwasser, destilliertes Wasser, ...
signalrot RAL 3001	–	**Wasserdampf** Niederdruckdampf, Hochdruckdampf, Brüdendampf, Vakuumdampf, ...
signalgrau RAL 7004	–	**Luft** Frischluft, Außenluft, Druckluft, Heißluft, gereinigte Luft, Umluft, Abluft, ...
signalgelb RAL 1003	signalrot RAL 3001	**brennbare Gase** Acetylen, Wasserstoff, Kohlenwasserstoff, Kohlenstoffmonoxid, ...
signalgelb RAL 1003	signalschwarz RAL 9004	**nichtbrennbare Gase** Stickstoff, Kohlenstoffdioxid, Chlor, Schwefeldioxid, ...
signalorange RAL 2010	–	**Säuren** Schwefelsäure, Salzsäure, Salpetersäure, Beizen, ...
signalviolett RAL 4008	–	**Laugen** Natronlauge, Ammoniaklösungen, Kalilauge, alkalische Flüssigkeiten, ...
signalbraun RAL 8002	signalrot RAL 3001	**brennbare Flüssigkeiten** Aceton, Benzin, Heizöl, Methanol, Paraffin, Alkohol, technische Fette, ...
signalbraun RAL 8002	signalschwarz RAL 9004	**nichtbrennbare Flüssigkeiten** flüssige Nahrungs- und Genussmittel, Bier, Milch, Maische, Gelee, Leim, ...
signalblau RAL 5005	–	**Sauerstoff** Sauerstoff, Ozon

5.5 Brandschutzunterweisungen

Im Rahmen des betrieblichen Brandschutzes ist es erforderlich, dass Mitarbeiter in Industrie, Handwerk, Handel oder im Dienstleistungsbereich zu bestimmten sicheren Verhaltensweisen angehalten und motiviert werden. Dazu gehört neben den Regeln der Brandverhütung und des Verhaltens im Brandfall auch die Anleitung zur richtigen Handhabung von Feuerlöscheinrichtungen zur Bekämpfung von Entstehungsbränden. Im § 22 der DGUV Vorschrift 1 „Grundsätze der Prävention" heißt es dazu unter anderem:

(2) Der Unternehmer hat eine ausreichende Anzahl von Versicherten durch Unterweisung und Übung im Umgang mit Feuerlöscheinrichtungen vertraut zu machen.

Auf der Basis dieser Vorschrift müssen in Betrieben und öffentlichen Einrichtungen in regelmäßigen Abständen Mitarbeiter theoretisch und praktisch im Umgang mit Feuerlöscheinrichtungen, zum Beispiel mit tragbaren und fahrbaren Feuerlöschern oder Wandhydranten, unterwiesen werden. Die Unterweisungen sollten zum Inhalt haben:

- Grundlagen des Brennens und Löschens
- Arten und Brandverhalten der im Betrieb verwendeten brennbare Stoffe
- Wirkungen der einzelnen Löschmittel
- Funktion der verschiedenen Feuerlöscheinrichtungen
- Richtige Anwendung der Feuerlöscheinrichtungen zur Brandbekämpfung
- Ablöschen brennender Personen
- Maßnahmen nach einem Brand

Besondere betriebliche Gegebenheiten, zum Beispiel Arbeitsverfahren mit feuergefährlichen oder brennbaren Stoffen, spezielle Produktionsabläufe, betriebsspezifische Brandschutzeinrichtungen oder das gegebenenfalls erforderliche Löschen von brennbaren Gasen, Stäuben, Metallen oder Fetten, sind in den Ausbildungsinhalten zusätzlich zu berücksichtigen.

Ein nachhaltiger Lernerfolg der Unterweisungen wird sich aber nur dann einstellen, wenn mit „echten“ Feuerlöschern auch ein „echtes“ Feuer bekämpft wird. Dabei sind jedoch hinsichtlich der verwendeten Löschmittel und der eingesetzten brennbaren Stoffe die jeweils notwendigen Umweltschutzbestimmungen zu beachten.

Abbildung 39: Unterweisung im Umgang mit tragbaren Feuerlöschern (Quelle: Hans Kemper, Geseke)

Hinweis: Die Art und der Umfang der Unterweisungen im Rahmen des betrieblichen Brandschutzes können in gleicher Weise auch für die Brandschutzaufklärung der Bevölkerung angewendet werden.

5.6 Selbstkontrolle und Testfragen

(Lösungen siehe Seite 112)

1. Welche Aussagen über eine Brandschutzordnung sind richtig?

a) Sie dient dem geordneten Einsatz der Feuerwehr.
b) Sie ist Bestandteil des betrieblichen Brandschutzes.
c) Sie wird an geeigneten Stellen in baulichen Anlagen ausgehängt.
d) Sie regelt das richtige Verhalten von Personen in einer baulichen Anlage.
e) Sie regelt das ordentliche Auftreten der Mitarbeiter im Brandfall.

2. Wozu dient ein Flucht- und Rettungsplan?

a) Der Vorbereitung eines Feuerwehreinsatzes.
b) Der sicheren Selbstrettung von betroffenen Personen.
c) Der frühzeitigen Orientierung über Fluchtmöglichkeiten.
d) Der Festlegung der Reihenfolge der zu rettenden Personen.
e) Der Sicherstellung der Betriebsfortführung.

3. Welche Ausführungen von Sicherheitszeichen werden unterschieden?

a) Warnzeichen (Dreieck mit gelbem Hintergrund und mit Bildzeichen)
b) Gefahrzeichen (Sechseck mit orangenem Hintergrund und mit Text)
c) Rettungszeichen (Viereck mit grünem Hintergrund und mit Bildzeichen)
d) Gebotszeichen (Kreis mit rotem Hintergrund und mit Bildzeichen)
e) Brandschutzzeichen (Viereck mit rotem Hintergrund und mit Bildzeichen)

4. Welche Inhalte sollten Bestandteil einer Brandschutzunterweisung sein?

a) Grundlagen des Brennens und Löschens
b) Arten und Brandverhalten von brennbaren Stoffen
c) Richtige Anwendung der Feuerlöscheinrichtungen zur Brandbekämpfung
d) Taktische Einsatzmaßnahmen der Feuerwehr
e) Maßnahmen nach einem Brand

6 Gesundheits- und Umweltschutz

Ein Brand kann auch nachteilige Auswirkungen auf die Gesundheit von Personen und Tieren und die Umwelt in der näheren und weiteren Umgebung der eigentlichen Brandstelle oder des Brandortes haben. Diese Auswirkungen können durch den auftretenden Brandrauch und die enthaltenen Schadstoffe, durch Rußniederschlag oder durch die verwendeten Löschmittel und verbleibenden Löschmittelreste entstehen.

6.1 Brandrückstände

Brandrauch ist ein Gemisch aus festen, flüssigen und gasförmigen Verbrennungsprodukten, das sich je nach Art der verbrannten Stoffe, nach Verbrennungstemperatur und -geschwindigkeit und Sauerstoffkonzentration bei der Verbrennung aus einer Vielzahl unterschiedlicher Schadstoffe (Kohlenmonoxid, Stickoxiden, Teerkondensaten, Ruß, ...) in unterschiedlichen Konzentrationen zusammensetzt. Die Gefährlichkeit des Brandrauches liegt im gleichzeitigen Zusammenwirken verschiedener Schadstoffe. Dadurch können größere Schäden entstehen, als beim Wirken der einzelnen Stoffe. Vor allem bei Großbränden sorgen Thermik und Wind dafür, dass die Verbrennungsprodukte mit unterschiedlicher Verdünnung in die nähere oder weitere Umgebung der Brandstelle gelangen. Ein Teil dieser Verbrennungsprodukte bleibt an der Brandstelle als Ruß- oder Rauchkondensat auf den Oberflächen der betroffenen oder nicht unmittelbar betroffenen Einrichtungsgegenstände und auf Raum- oder Gebäudeoberflächen zurück.

■ Brandgeschädigte Personen

Brandstellen dürfen von den brandgeschädigten Personen erst nach dem vollständigen Ablöschen, einer wirksamen Durchlüftung und nur nach der Freigabe durch die Feuerwehr betreten werden. Bei Bränden in Haus- oder Wohnbereichen ist üblicherweise nicht mit erhöhten Schadstoffbelastungen zu rechnen, sodass Reinigungs- und Sanierungstätigkeiten durchaus auch von den betroffenen Personen selbst vorgenommen werden können.

Abbildung 40: Brandschaden in einem Wohnbereich (Quelle: Dennis Altenhofen, Feuerwehrforum Wiesbaden112.de)

Bei diesen Tätigkeiten sollten von den betroffenen Personen jedoch entsprechende Schutzmaßnahmen eingehalten werden, um zu verhindern, dass zum Beispiel aufgewirbelter Staub eingeatmet oder die Hautoberfläche großflächig mit Ruß beschmutzt wird.

Als Orientierungshilfe für den Umgang mit der erkalteten Brandstelle sollte für die betroffenen Personen durch die Feuerwehren ein entsprechendes Informationsblatt mit der Beschreibung von notwendigen Verhaltensweisen bereitgehalten und bei Bedarf als Erstinformation an die betroffenen Personen ausgehändigt werden. Das Informationsblatt sollte vor allem Hinweise zur Gefährdungseinschätzung, zu Erstmaßnahmen, zur Reinigung und Sanierung, zu Schutzausrüstungen, zur Entsorgung und zu Bezugsadressen und Ansprechpartner für Brandschadenbeseitigungen enthalten.

Hinweis: Das vfdb-Merkblatt 10-15 „Umgang mit kalten Brandstellen" der Vereinigung zur Förderung des Deutschen Brandschutzes e.V. enthält ein Muster für ein einheitliches Informationsblatt für Wohnungsinhaber, Mieter oder Hausverwalter von Wohngebäuden.

6.2 Löschmittelrückstände

Die Feuerwehren müssen bei ihren Einsatzmaßnahmen auch den Schutz von Gewässern, Luft und Böden beachtet. Durch die Art und Menge der jeweils verwendeten Löschmittel sollten möglichst keine Gefahren oder Beeinträchtigungen der Umwelt entstehen.

- Durch das Löschmittel **Wasser** können üblicherweise keine Umweltschäden verursacht werden, da es ja chemisch neutral und ungiftig ist. Wird das Löschwasser im Einsatzfall jedoch mit umweltgefährdenden Stoffen oder Brandprodukten vermischt (kontaminiert), kann es zu erheblichen Umweltgefährdungen kommen. Im Einsatzfall sind deshalb entsprechende Maßnahmen der Löschwasser-Rückhaltung anzuwenden.
- Wird als Löschmittel **Schaum** eingesetzt, muss von den Feuerwehren beachtet werden, dass die dafür verwendeten Schaummittel je nach Art und Zusammensetzung aufgrund der enthaltenen Stoffe mehr oder weniger schädlich für Lebewesen, Gewässer und Böden sind. Der Eintrag von Löschschaum in Gewässer und Böden ist auch im Rahmen notwendiger Einsatzmaßnahmen nach Möglichkeit zu vermeiden oder durch geeignete Maßnahmen zu begrenzen.
- Das Löschmittel **Pulver** ist allgemein nicht giftig, überwiegend biologisch abbaubar beziehungsweise für die Umwelt unschädlich. Es gleicht in seiner Zusammensetzung den Düngemitteln und ist in den üblicherweise verwendeten Mengen nicht wassergefährdend. In großen Mengen auf kleinsten Raum eingesetzt, kann es jedoch zu erheblichen Verschmutzungen und Schäden durch das feinstverteilte Löschpulver kommen.

Ein sparsamer Löschmitteleinsatz durch die Feuerwehr ist auch ein nachhaltiger Beitrag zum Umweltschutz. Dies erfordert einen gezielten Einsatz der jeweiligen Löschmittel. Übungen mit den Löschmitteln Schaum und Pulver sind deshalb unverzichtbare Bestandteile der praktischen Ausbildung der Feuerwehrangehörigen. Die Übungen sind jedoch zum Schutz vor Gewässer-, Grundwasser- oder Bodenverunreinigungen auf das unbedingt notwendige Maß zu beschränken. Die Verwendung dieser Löschmittel für Löschvorführungen ohne Übungscharakter muss unterbleiben.

■ Löschwasserrückhaltung

Wird Wasser als Löschmittel eingesetzt, müssen die Einsatzmaßnahmen der Feuerwehr auch darauf ausgerichtet sein, dass abfließendes verunreinigtes Löschwasser nicht zu einer Gefahr für die Umwelt wird. Dies gilt gleichermaßen für den Einsatz von Schaum als Löschmittel.

Produziert, verwendet oder lagert ein Betrieb wassergefährdende Stoffe, müssen entsprechende Auffangräume vorgesehen sein, in denen im Brandfall abfließendes und mit wassergefährdenden Stoffen verunreinigtes Löschwasser aufgefangen und ordnungsgemäß entsorgt werden kann. Das verunreinigte Löschwasser kann auch durch stationäre Abdichtsysteme an Türen und Toren von Gebäuden oder durch den Einbau von Schwellen oder Fußbodengefällen innerhalb von baulichen Anlagen zurückgehalten werden. Die von den einzelnen Bundesländern herausgegebenen Richtlinien zur Bemessung von Löschwasser-Rückhalteanlagen enthalten die dafür erforderlichen Vorgaben für die Betreiber derartiger baulicher Anlagen.

Abbildung 41: Behelfsmäßige Maßnahme zur Löschwasser-Rückhaltung (Quelle: Andreas Labonte, Feuerwehrforum Wiesbaden112.de)

Fehlen geeignete Löschwasser-Rückhalteanlagen oder sind diese grundsätzlich nicht vorgesehen, muss mit wassergefährdenden Stoffen verunreinigtes Löschwasser durch behelfsmäßige Maßnahmen der Feuerwehr aufgefangen oder zurückgehalten werden. Zu diesen Maßnahmen gehört zum Beispiel das Dichtsetzen von Kanaleinläufen, das Aufschütten von Erdwällen oder Errichten von Dämmen sowie der Einsatz von mobilen Behältern (Tankfahrzeuge, Saugfahrzeuge, Faltbehälter, ...).

6.3 Selbstkontrolle und Testfragen

(Lösungen siehe Seite 112)

1. Wodurch können nachteilige Auswirkungen für die Umwelt in der Umgebung einer Brandstelle entstehen?

a) Durch den auftretenden Brandrauch und die enthaltenen Schadstoffe.
b) Durch die Auspuffgase der Feuerwehrfahrzeuge.
c) Durch den Rußniederschlag.
d) Durch die Löschmittel und die verbleibenden Löschmittelreste.

2. Welche Aussagen über Brandrauch sind richtig?

a) Brandrauch muss an Einsatzstellen nicht beachtet werden, da die Feuerwehr über Atemschutzgeräte verfügt.
b) Brandrauch ist ein Gemisch aus festen, flüssigen und gasförmigen Verbrennungsprodukten.
c) Brandrauch besteht aus einer Vielzahl unterschiedlicher Schadstoffe in unterschiedlichen Konzentrationen.
d) Brandrauch ist außerhalb geschlossener Räume ungefährlich.

3. Durch welche Löschmittel können Gefahren oder Beeinträchtigungen der Umwelt entstehen?

a) Durch Löschwasser aus Hydrantensystemen.
b) Durch verunreinigtes Löschwasser.
c) Durch Leicht-, Mittel- oder Schwerschaum.
d) Durch Löschpulver in den üblicherweise verwendeten Mengen.

4. Wie kann verunreinigtes Löschwasser zurückgehalten werden?

a) Durch stationäre Abdichtsysteme an Türen und Toren.
b) Durch den Einsatzbefehl eines Gruppenführers.
c) Durch Einbau von Schwellen oder Fußbodengefälle innerhalb von baulichen Anlagen.
d) Durch behelfsmäßige Maßnahmen der Feuerwehr.

7 Literatur- und Quellenverzeichnis

DR. CIMOLINO, U.: Loseblattwerk „Einsatzleiter-Handbuch Feuerwehr“, Stand 74. Aktualisierung August 2021, ecomed-Storck GmbH, Landsberg am Lech

GRESSMANN, H.-J.: Abwehrender und anlagentechnischer Brandschutz, 4., neu bearbeitete und erweiterte Auflage 2017, expert verlag, Renningen

HUMMEL, P.: Einsatztaktische Maßnahmen bei sprinklergeschützten baulichen Anlagen, Zeitschrift: Brandschutz, 08/1997

KEMPER, H.: Fachwissen Feuerwehr „Baukunde“, 3. Auflage Februar 2012, ecomed-Storck GmbH, Landsberg am Lech

KEMPER, H.: Fachwissen Feuerwehr „Brandmeldeanlagen – Technik und Einsatzgrundsätze“, Ausgabe August 2017, ecomed-Storck GmbH, Landsberg am Lech

MAYR, J., BATTRAN, L.: „Baulicher Brandschutz – Brandschutzatlas“, Stand 47. Aktualisierung Juli 2021, Feuertrutz Network GmbH, Köln

MERSCHBACHER, A.: Brandschutz – Praxishandbuch für die Planung, Ausführung und Überwachung, 1. Auflage 2006, Verlagsgesellschaft Rudolf Müller GmbH & Co. KG, Köln

PRENDKE, W.-D., SCHRÖDER, H.: Lexikon der Feuerwehr, 3. überarbeitete und erweiterte Auflage 2005, Verlag W. Kohlhammer, Stuttgart

vfdb Merkblatt 10-15 „Umgang mit kalten Brandstellen“, Ausgabe November 2017, Vereinigung zur Förderung des Deutschen Brandschutzes e.V., Münster

DIN-Normen, Bezug bei der Beuth Verlag GmbH, Burggrafenstraße 6, 10787 Berlin

Lösungen zu Kapitel 2.3: 1. a), c); 2. a), b) und d); 3. a), c) und e); 4. c) und d)

Lösungen zu Kapitel 3.8: 1. a), b) und d); 2. a), b) und c); 3. a), b) und d); 4. a), b) und d); 5. a) bis e); 6. a) und c); 7. a), c) und d); 8. a), c)

Lösungen zu Kapitel 4.7: 1. a), b) und d); 2. a), b) und e); 3. a), c) und d); 4. a) bis d); 5. a), c) und d); 6. b) und c); 7. b), d) und e); 8. a), b) und c)

Lösungen zu Kapitel 5.6: 1. b), c) und d); 2. b) und c); 3. a), c) und e); 4. a), b), c) und e)

Lösungen zu Kapitel 6.3: 1. a), c) und d); 2. b) und c); 3. b) und c); 4. a), c) und d)